DeepSeek
大模型

王常圣
孔德镛
著

技术解析与商业应用

U0275983

清华大学出版社

北　京

内 容 简 介

本书系统讲解了 DeepSeek 大语言模型的技术原理与商业实践，既深入剖析模型的核心原理，又提供切实可行的实践指导。本书共分为 10 章，从基础概念入手，逐步阐明模型架构、本地部署方法，并详细解析了 DeepSeek 提示词的思维链，指导用户如何根据不同需求设计有效的提示词，以实现高效的 AI 交互。书中深入探讨了 DeepSeek 在多领域的应用：在内容创作方面，利用 AI 生成创意文案、优化代码开发与学术写作，从而显著提升效率；在自媒体领域，通过解锁流量密码，为开发者和创作者提供智能支持；在职场环境中，辅助简历优化、面试模拟及知识库构建，全面提升办公效率；在数字艺术设计方面，赋能创作者高效产出作品，激发无限创意表达。此外，本书还讲解了如何通过 DeepSeek API 将技术无缝嵌入商业流程，进而构建智能生态系统。

本书是专为 AI 从业者、企业管理者及技术爱好者量身定制的实用手册，旨在引领读者掌握大模型的应用，实现效率提升与商业创新。

图书在版编目(CIP)数据

DeepSeek大模型：技术解析与商业应用 / 王常圣，

孔德镛著. -- 北京：清华大学出版社，2025. 4.

ISBN 978-7-302-68916-4

Ⅰ. TP18

中国国家版本馆CIP数据核字第2025SM4064号

责任编辑：李　磊
封面设计：钟　梅
版式设计：思创景点
责任校对：成凤进
责任印制：丛怀宇

出版发行：清华大学出版社
　　　　　网　　址：https://www.tup.com.cn，https://www.wqxuetang.com
　　　　　地　　址：北京清华大学学研大厦A座　　　　　邮　　编：100084
　　　　　社 总 机：010-83470000　　　　　　　　　邮　　购：010-62786544
　　　　　投稿与读者服务：010-62776969，c-service@tup.tsinghua.edu.cn
　　　　　质 量 反 馈：010-62772015，zhiliang@tup.tsinghua.edu.cn
印 装 者：北京博海升彩色印刷有限公司
经　　销：全国新华书店
开　　本：170mm×240mm　　　　印　　张：12.5　　　　字　　数：336千字
版　　次：2025年4月第1版　　　　印　　次：2025年4月第1次印刷
定　　价：69.00元

产品编号：112301-01

前　言

在人工智能技术正以前所未有的力量重构全球产业格局的浪潮中，大语言模型正迅速且深刻地重塑着人类的认知与协作界限。作为这一领域的先锋力量，DeepSeek秉承"技术普惠"的核心理念，为各行各业源源不断地注入智能化新动力。

本书将围绕DeepSeek所引领的技术革命，进行全方位、深层次的解读。本书从技术的起源与发展，到DeepSeek如何推动大语言模型在各个行业中的创新应用及其产生的深远影响，都进行了细致梳理和深入探讨。同时，展望这一技术革命的未来发展趋势，剖析DeepSeek及整个行业可能面临的挑战与机遇。本书力求为读者勾勒出一幅既清晰又立体，展现DeepSeek引领的人工智能技术变革的全景图。

本书以DeepSeek技术原理解析为起点，突破传统技术类书籍偏重代码与算法的局限，着重探讨其在多领域应用场景中的实践案例及其对社会发展产生的深刻影响。内容架构如下：

▶ 第1章　DeepSeek探索未至之境

本章将带领读者纵览DeepSeek大模型的基础架构，深入剖析其内在机制，并详细揭示如何在本地环境中部署这些模型，使它成为工作中的得力助手。

▶ 第2章　提示词工程解析

本章通过深度剖析实际案例，讲解如何运用精准的指令，唤醒并激发模型的创造力，为用户传授一门"与AI对话的艺术"。这种"硬核技术+软性交互"的双轨解析方式，构成了理解DeepSeek底层逻辑的关键。

▶ 第3、4章　内容创作领域的革新

第3章探讨了爆款文案的智能生成过程，揭示DeepSeek如何助力创作者，让他们能够自如轻松地创造出引人入胜、富有魅力的内容；第4章则深入探索自媒体流量密码的破解之道，展示DeepSeek如何重塑数字内容的生产链条，让内容创作更加高效且富有创意。

▶ 第5至7章　生产力的跃迁

第5章阐述了在代码开发领域，DeepSeek如何为开发者提供即时且精准的代码优化建议，从而显著提升编码效率与质量；第6章转向学术写作领域，介绍了DeepSeek的文献分析功能如何为研究人员提供强有力的支持，有效加速研究进程，提升研究工作的效率；第7章聚焦于职场领域，从简历的智能诊断，到AI面试问题的精准生成及个性化指导，DeepSeek全方位地赋能求职者，助力他们在激烈的就业竞争中脱颖而出。

▶ 第8、9章　知识管理与数字艺术的融合

第8章关注个人知识库的智能搭建，通过DeepSeek的帮助，将碎片化信息转化为可迭代、可增值的认知资产；第9章则探讨了设计师如何利用DeepSeek实现"思维到画面的秒级转化"，让创意无限延伸。

▶ 第10章　调用DeepSeek API打造智能生态

本章将揭示企业级应用的全新终极形态，详细展示如何通过调用DeepSeek的API接口，构建一个既高效又智能的生态系统，从而为企业的发展注入源源不断的活力，推动其迈向更高层次的发展阶段。

本书为读者精心准备了7套AI知识学习视频及8套DeepSeek学习资料，读者可扫描右侧配套资源二维码获取。

配套资源

本书作为DeepSeek大语言模型技术的导航图谱，精心构建了一个跨越技术、创作与科研的三维价值体系：既能帮助程序员重构代码思维范式，为自媒体人打通流量增长的新路径，更为学术研究者提供跨学科创新的底层方法论。翻开这部智能时代的启示录，读者不仅能够深入掌握前沿技术，实现认知与思维的跃迁，更将获得一张珍贵的入场券，得以参与并见证人机协同进化的历史进程，以及商业文明在这一过程中的全新定义与演进。

此刻，让我们携手步入DeepSeek所开拓的智能疆域，一同探索那些尚未被勾勒的未来图景，共同书写并创造属于这个智能时代的非凡创新传奇。

作　者

2025.03

目　　录

第 3 章
DeepSeek你的文案写作
灵感源泉

第 4 章
DeepSeek打开自媒体
行业的流量密码

第 5 章
DeepSeek助力高效代码
开发与优化

第1章
DeepSeek探索未至之境

近年来，随着人工智能技术的飞速发展，从最初的数据挖掘，到机器学习，再到深度学习，AI技术愈发成熟。结合当前的大数据技术，AI的应用已经广泛渗透到人们生活的方方面面。近年来，大型语言模型的崛起，尤其是ChatGPT的出现，标志着AI在自然语言处理领域取得了重大突破性进展。ChatGPT凭借其强大的对话生成能力，充分展现了AI在理解与生成人类语言方面的巨大潜力，从而引发了全球范围内的广泛关注。

然而，AI的发展并未就此停歇。DeepSeek，作为新一代AI模型的代表，在传承ChatGPT诸多优势的基础上，更加注重知识的深度挖掘与推理能力的强化。它不仅能够像ChatGPT那样进行流畅自然的对话，更能深刻洞察问题的核心，提供富有见地的解答。DeepSeek的问世，预示着AI正稳步迈向更加智能、更加人性化的新纪元，同时也为我们探索AI的广阔前景开启了一扇全新的大门。

本章将引领读者初步踏入DeepSeek的领域，解析其背后的工作原理，介绍其基本功能，探讨其应用领域，并分享实用的使用技巧，以帮助我们更好地理解和应用这一智能系统。

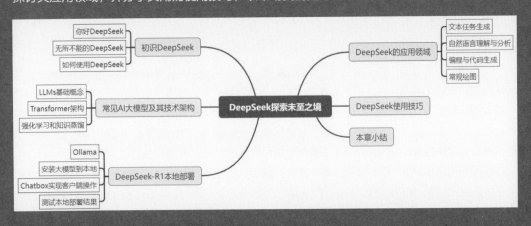

1.1 初识DeepSeek

DeepSeek大语言模型，是由杭州深度求索人工智能基础技术研究有限公司推出的深度合成服务算法。DeepSeek的技术性能已达到与OpenAI的GPT系列相当的水平，能够高效完成以往依赖ChatGPT的各项任务，并且在部分场景中表现得更为优异。凭借独特的技术架构和创新的应用场景，DeepSeek在行业内获得了广泛关注。

本节将深入剖析DeepSeek的核心定义与技术内涵，通过解读其设计理念、功能特性及实际应用，帮助读者全面了解DeepSeek的技术优势与发展潜力。

1.1.1 你好DeepSeek

DeepSeek是一款融合深度学习与强化学习的智能模型，其界面设计直观易用，如图1-1所示，可为用户提供便捷的操作体验。

图1-1

从应用的角度来看，DeepSeek(深度求索)是一款多功能的人工智能模型，可广泛应用于人工智能生成、个性化推荐、自然语言处理和实时决策等领域。它能够高效处理多模态数据，提供精准的语义理解和上下文感知能力，在内容生成、智能客服和数据分析等方面均表现出色。在复杂任务的处理上，如实时翻译、智能问答，以及自动化报告、图形和代码生成等，DeepSeek显著提升了用户体验和工作效率，成为AIGC(人工智能生成内容)时代人人都需要掌握的工具。

从理论的角度来看，DeepSeek是一款基于深度学习与强化学习融合的智能模型，其技术架构结合了大规模预训练、知识蒸馏和自适应学习机制。与传统的单一预训练模型不同，DeepSeek通过强化学习动态优化模型行为，使自身在处理复杂任务时的表现更加灵活高效。同时，知识蒸馏技术将大模型的知识压缩到更小规模的模型中，兼顾性能与效率。相较于其他大模型，DeepSeek在推理速度、资源消耗和任务适应性上表现突出，尤其在多模态数据处理和实时决策场景中展现了显著优势。

目前，常用的DeepSeek大模型版本为DeepSeek-V3与DeepSeek-R1，它们是针对不同场景优化的模型分支。两个版本的主要区别如下。

DeepSeek-V3：作为基础架构的第三代迭代版本，聚焦于通用任务性能的提升。其采用混合专家(MoE)架构，参数规模达千亿级，支持长上下文(128K tokens)与多模态输入，在文本生成、复杂推理任务中表现卓越，适用于内容创作、数据分析等开放域场景。

DeepSeek-R1：专精于实时交互与资源效率，通过动态剪枝与量化压缩技术，将模型压缩至百亿参数内，同时集成强化学习驱动的响应优化模块。其推理速度较 V3提升3~5倍，适用于高并发客服、边缘设备部署等低延迟场景。

> **提示** 用户在使用DeepSeek时，基础的任务可选择V3，注重推理的复杂任务可选择R1进行处理，二者形成"能力—效率"互补的技术矩阵。

1.1.2 无所不能的DeepSeek

DeepSeek和ChatGPT类似，都属于智能问答系统范畴。但DeepSeek功能更为广泛，可直接服务用户或开发者，涵盖智能对话、文本生成、语义理解、计算推理、代码生成、代码补全、图形生成等多元应用场景。它集成联网搜索和深度思考模型，允许用户上传文件，能够读取各类文件中的文字和数据内容，形成知识库，从而进一步增强自身的搜索与处理能力。

DeepSeek作为前沿人工智能系统，其应用场景覆盖多个专业领域并展现卓越效能。在金融行业，DeepSeek通过自然语言处理技术可实时解析海量财经报告与市场数据，辅助投资机构进行量化交易策略生成与风险评估，处理效率较传统方法提升20倍以上。在医疗领域，其医学知识图谱支持精准诊断辅助系统，能对5000多种病症进行多模态数据分析匹配，已在国内三甲医院实现CT影像智能判读系统部署。在教育板块，DeepSeek依托个性化学习引擎，为学生构建知识漏洞图谱，实现习题推荐精准度高达92%。在智能制造领域，DeepSeek的工业视觉算法在3C产品质检场景中实现0.02mm级缺陷检测，误检率低于0.5%。其代码生成模块更在软件开发场景支持30多种编程语言的智能补全，使程序员编码效率提升40%。这些实际应用，验证了DeepSeek作为新一代AI基座模型的技术突破与商业价值。

此外，DeepSeek还可以与其他人工智能软件结合使用，协同工作以达成更好的效果。表1-1详细列出了DeepSeek与各类人工智能软件结合的实例，展现了这种跨界合作所带来的显著优势。

表1-1

组合	功能
DeepSeek+Kimi	自动生成PPT
DeepSeek+VSCode	自动编写代码
DeepSeek+剪映	自动生成短视频
DeepSeek+Midjourney	人工智能艺术生成
DeepSeek+Notion	自动生成文本知识库
DeepSeek+Otter	一键转会议记录
DeepSeek+即梦+腾讯混元3D	3D模型秒创建

1.1.3 如何使用DeepSeek

使用DeepSeek的方法和使用ChatGPT一样，都是通过网页版前端进行交互，通过浏览器进行访问。不同之处在于，DeepSeek可以部署在本地计算机中，通过离线的形式访问，这样就不会受到网络情况的影响；而ChatGPT只能通过浏览器访问，并且通常需要特定的网络环境。因此，在使用的便捷性和灵活性方面，DeepSeek提供了更为简单和广泛的选择。

通过浏览器访问DeepSeek，用户需先打开官方网址，地址为https://www.deepseek.com/。在首页界面中，可以看到两个按钮，分别为"开始对话"按钮和"获取手机App"按钮，如图1-2所示。单击"开始对话"按钮，界面会跳转到提问对话框界面；单击"获取手机App"按钮，则可通过扫描显示的二维码下载DeepSeek的手机应用程序。

图1-2

当用户单击"开始对话"按钮后，界面会跳转到网址https://chat.deepseek.com/，如图1-3所示。在界面中，左边栏列出了之前的历史提问，以及"开启新对话"按钮，每次提问的内容记录都显示在左边栏。当单击"开启新对话"按钮后，界面会跳转回提问界面。

图1-3

提问界面如图1-4所示，在提示词输入框的下面有两个按钮，分别是"深度思考(R1)"和"联网搜索"按钮。如果不单击这两个按钮，系统将默认采用基础的V3模型来处理问题；单击"深度思考(R1)"按钮后，系统会切换为DeepSeek-R1模型，推理性

图1-4

会增强；单击"联网搜索"按钮，系统将启动全网搜索功能。一般情况下，为获取更具洞察力的回答，用户更倾向仅开启"深度思考(R1)"模型。

界面右下角的回形针图标是专为用户上传文件而设计的，支持上传文本、表格、数据等多种类型的文件。

1.2　常见AI大模型及其技术架构

目前国内外涌现了众多的AI大模型，如GPT、BERT、XLNet、Transformer-XL、ERNIE、DeepSeek等。本节将重点介绍GPT和DeepSeek这两款模型。

▶ GPT(Generative Pre-trained Transformer)系列

开发者：OpenAI

技术架构：基于Transformer架构，特别是解码器部分。GPT模型通过自回归方式生成文本，利用多头自注意力机制来处理输入数据。

特点：采用预训练与微调两阶段训练方法；具备强大的文本生成能力；适用于多种自然语言处理任务，如文本生成、翻译、摘要等。

应用：聊天机器人、内容创作、代码生成等。

▶ DeepSeek

开发者：深度求索公司

技术架构：基于Transformer架构，结合了多种先进的预训练技术和优化策略，支持多模态数据处理。

特点：高效的多任务学习能力；强大的迁移学习性能；支持多种应用场景，如金融、医疗、教育等。

应用：智能客服、医学诊断、个性化教育等。

1.2.1　LLMs基础概念

大型语言模型(Large Language Models, LLMs)的理论基础主要建立在深度学习和自然语言处理(NLP)的核心技术上，尤其是Transformer架构。Transformer通过自注意力机制(Self-Attention)捕捉文本中的长距离依赖关系，使得模型能够高效处理序列数据。

LLMs通过大规模文本数据的预训练，学习语言的统计规律和语义表示，通常采用掩码语言模型(Masked Language Modeling, MLM)或自回归语言模型(Autoregressive Modeling)作为训练目标。

LLMs的核心能力来源于其大规模的参数和数据的结合，使其能够生成连贯的文本、理解上下文并执行多种语言任务。其理论基础还涉及迁移学习，即通过预训练获得通用语言知识，再通过微

调适应特定任务。

在LLMs的应用实践中，DeepSeek结合了高效的训练技术和卓越的多任务学习能力，进一步强化了模型的泛化性能和实用性，为LLMs的广泛应用开辟了更加广阔的道路。

1.2.2　Transformer架构

Transformer架构的独特之处，在于其采用的自注意力机制(Self-Attention)，这一特点使其与其他大模型架构相区分。作为一种用于处理序列数据的深度学习模型，Transformer广泛应用于自然语言处理任务，如翻译、文本生成等。

与传统的循环神经网络(RNN)不同，Transformer通过"自注意力机制"来捕捉序列中各个位置之间的关系，这使得它能同时处理输入数据的全部内容，而不是按顺序处理。这样不仅提高了计算效率，还极大地增强了模型捕捉长距离依赖关系的能力。简单来说，Transformer就像是一个聪明的"大脑"，它能一次性"审视"输入的每一部分内容，从而做出更精准的判断。

Transformer架构由两大核心组件组成：Encoder和Decoder。Encoder负责接收输入序列，并通过自注意力机制对每个元素进行编码，生成上下文相关的表示。Decoder则接收Encoder输出的表示，并结合先前生成的词汇信息，通过自注意力机制和交叉注意力机制生成目标序列。自注意力机制使得Encoder和Decoder在处理长距离依赖时更加高效，而交叉注意力机制则帮助Decoder关注Encoder输出的关键部分。

此外，Transformer使用多层Encoder和Decoder堆叠的方式，进一步增强了模型的表现力和表达能力。通过这种结构，Transformer能够捕捉复杂的语义关系，灵活适应各类序列到序列的任务需求。

1.2.3　强化学习和知识蒸馏

1. 强化学习

强化学习(Reinforcement Learning, RL)是一种机器学习方法，它通过智能体(Agent)与环境(Environment)之间的交互来学习最优策略。其理论基础主要基于马尔可夫决策过程(Markov Decision Process, MDP)，它由状态(State)、动作(Action)、奖励(Reward)和状态转移概率(Transition Probability)四个核心要素构成。在每个时间步，智能体根据当前状态选择动作，环境则根据该动作反馈奖励并转移到下一个状态。强化学习的目标在于最大化累积奖励，这一过程通常通过贝尔曼方程(Bellman Equation)来描述最优策略的价值函数。

强化学习的核心思想是试错学习，通过探索(Exploration)和利用(Exploitation)的平衡来优化策略。在这一框架下，Q学习(Q-Learning)和策略梯度(Policy Gradient)是两种常用的算法。前者通过更新动作价值函数来学习最优策略，后者则直接对策略参数进行优化。

DeepSeek在强化学习中的应用，如智能决策和自动化控制，正是基于这些理论基础，结合深度神经网络(如DQN、PPO)来应对复杂任务。

2. 知识蒸馏

知识蒸馏(Knowledge Distillation)是一种将复杂模型(教师模型)的知识迁移到简单模型(学生模型)的技术。这里的教师模型对应的就是大模型，学生模型就是小模型，其核心思想是通过模仿教师模型的输出分布来训练学生模型，而非直接学习原始数据标签。教师模型将推理过程和结果全部传递给学生模型，学生模型在掌握核心推理技术后，能够发挥比教师模型更优秀的推理效率。

知识蒸馏的目标是最小化学生模型与教师模型输出分布之间的差异，通常使用KL散度(Kullback-Leibler Divergence)作为损失函数来衡量这种差异。通过这种方式，学生模型不仅能够学习到教师模型的预测能力，还能继承其良好的泛化性能。

DeepSeek在模型压缩和部署中广泛应用知识蒸馏技术，将大规模模型的知识高效迁移到轻量级模型，从而实现高性能与低资源消耗的平衡。

1.3　DeepSeek-R1本地部署

传统的DeepSeek通常依赖于网页形式的访问，但在遇到服务器繁忙或出于隐私保护的需求时，用户可能会寻求离线访问大模型的方法。这时，将DeepSeek-R1模型部署在本地便成为一种可行的解决方案。为了实现本地部署，用户可以利用Ollama，通过命令行操作来完成这一过程。本地部署对显卡和系统配置有一定的要求，用户可以根据自身需求选择特定的版本进行部署。

在本地部署完成后，用户可以通过两种方式与AI大模型进行交互：一种是通过命令行直接与大模型交互；另一种是通过UI界面进行交互。

本节将详细介绍如何在本地部署DeepSeek-R1模型，并分别介绍两种与大模型交互的方法。

1.3.1　Ollama

Ollama是一个免费开源的工具，其主要功能是帮助用户将大模型部署到本地环境。借助Ollama，用户可以通过命令行自动化地完成大模型的下载与部署流程。具体步骤如下。

用户访问Ollama主页，单击Download按钮进行下载，并将Ollama安装到本地，如图1-5所示。安装成功后，即可通过命令行的形式访问和使用Ollama，来部署和管理大模型。

图1-5

在命令行中输入Ollama命令，如果能正常返回Ollama的信息，就说明Ollama安装成功，如图1-6所示。可以看到，Ollama安装成功，在下方可以看到Ollama的命令，一般最常用的就是run命令，通过这个命令即可运行大模型。

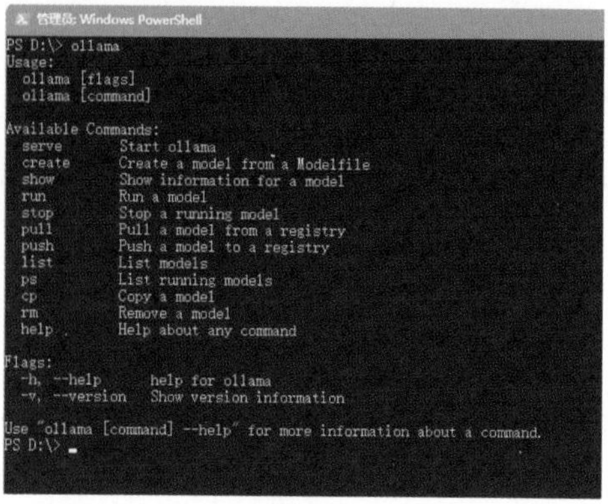

1.3.2 安装大模型到本地

当Ollama安装成功后，由于Ollama支持多种模型版本，用户需要在Ollama主页的Models选项卡中选择所需的模型，并通过模型的版本号进行部署。

图1-6

在Ollama主页的Models选项卡中，用户可以找到DeepSeek-R1模型，单击即可选择并部署该模型，如图1-7所示。

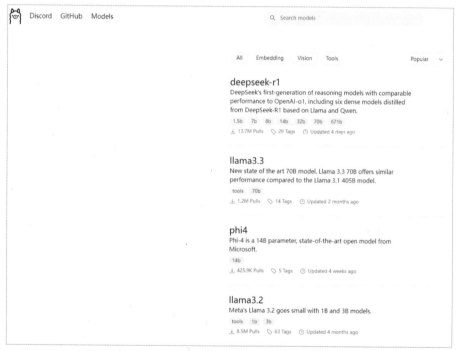

图1-7

随后，在DeepSeek-R1模型界面的下拉列表中，选择1.5b作为部署的版本，在其右边的对话框中会出现一个指令ollama run deepseek-r1:1.5b，这个指令就是在Ollama命令行中输入的部署指令，如图1-8所示。复制指令，准备在命令行中执行。

打开Powershell，在命令行中输入上一步的指令ollama run deepseek-r1:1.5b，等待系统对大模型进行部署，如图1-9所示。

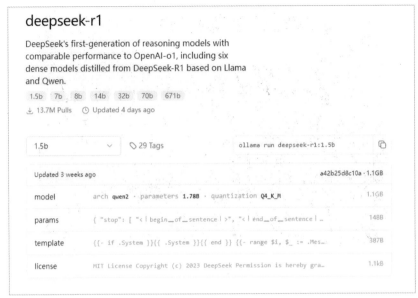

图1-8

图1-9

等待pulling过程结束，当所有进度达到100%后，屏幕上会出现success的提示信息，表示模型已经成功安装至本地，如图1-10所示。

图1-10

此时，系统已经返回了Send a message的提示，表示正在等待用户输入提示词。用户可以尝试输入一段提示词，如"请帮我写一个三亚旅游攻略，120字左右"。随后，可以看到大模型返回的结果，如图1-11所示。标志着DeepSeek-R1的本地部署已经成功。

图1-11

1.3.3　Chatbox实现客户端操作

部署完成的大模型只能通过PowerShell的命令行进行访问，这样的使用方法很不方便。因此，为了提升用户体验，模拟网页UI的交互方式，我们可以使用Chatbox这一AI客户端应用。Chatbox不仅简单易用，而且支持多种先进的AI大模型，所有数据都存储在本地，确保隐私和快速访问，适用于工作和教育场景。

用户进入Chatbox的主页，单击"免费下载"按钮，如图1-12所示。就可以下载Chatbox到本地，然后进行安装。

图1-12

安装完成后，运行Chatbox，其界面如图1-13所示。

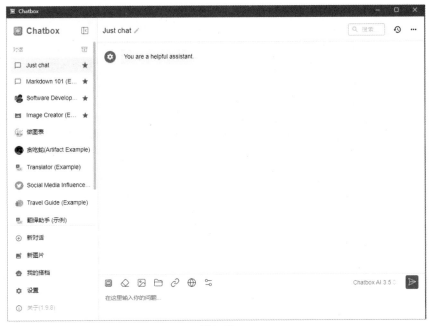

图1-13

对Chatbox进行配置，单击左边栏下面的"设置"按钮，弹出"设置"对话框。设置"模型提供方"为OLLAMA API，"模型"为deepseek-r1:1.5b，单击"保存"按钮，完成Chatbox的配置，如图1-14所示。

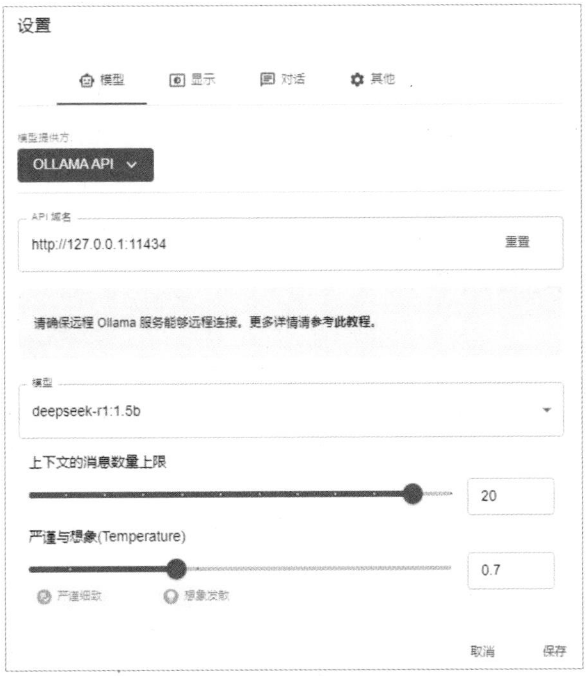

图1-14

1.3.4 测试本地部署结果

当Ollama加载模型和Chatbox安装配置完成后，就可以使用Chatbox与大模型进行交互。

打开Chatbox，在输入框中输入提示词："请帮我写一个三亚旅游攻略，120字左右"。可以看到，大模型返回了结果，并显示在对话框中，和网页版访问DeepSeek是一样的效果，表明本地部署成功，如图1-15所示。

图1-15

1.4 DeepSeek的应用领域

DeepSeek作为一款先进的人工智能系统，其应用范畴广泛且深入，涵盖了从日常生活到专业领域的多个场景。凭借强大的自然语言处理、计算机视觉和数据分析能力，DeepSeek在金融、医疗、教育、智能制造等行业中展现了卓越的效能。它不仅提升了工作效率，还推动了智能化决策和创新服务的发展。

本节将通过文本任务生成、自然语言理解与分析、编程与代码生成、常规绘图这四个领域，对DeepSeek的应用进行详细介绍。

1.4.1 文本任务生成

DeepSeek最基础的应用便是文本任务生成，这一功能主要是根据用户设计的提示词，返回所需要的答案。文本任务生成主要包括以下几类：常规文本生成、技术类文本生成、结构化文本生成。

常规文本生成：故事、文章、营销文案、帖子、推文、剧本等。

技术类文本生成：论文摘要、征文撰写、数据报告、数据分析、多语言翻译和本地化等。

结构化文本生成：表格、图表、代码注释、文档撰写。

图1-16为DeepSeek在文本生成中的应用示例，当用户输入提示词后，系统将迅速返回文本创作的结果，提示词越精确，返回的结果越符合用户的需求。

图1-16

1.4.2　自然语言理解与分析

DeepSeek在自然语言理解与分析方面的能力同样具有极大的实用价值和广泛用途。它不仅能够准确捕捉并解析用户输入的语义信息，还能深入理解文本的上下文关系和情感色彩，从而为用户提供更为精准、全面的服务。

1.语义分析

当用户将自然语言描述的内容作为提示词提交给DeepSeek，并指定了所需要转换的语言或逻辑时，DeepSeek会通过语义分析功能，按照要求将自然语言描述的内容转换为特定情况下的不同格式。举例来说，软件测试工程师用自然语言描述测试用例，提交给DeepSeek后，它会通过语义分析，自动将自然语言描述的测试用例转换为自动化测试所需的代码。

2. 文本分类

文本分类功能可以根据提示词的要求，对各类文本进行分类。例如，将新闻标题，按照正向负面，或者按照字数，又或者按照用户设定的分类方法进行分类，操作十分方便。

3. 知识推理

知识推理能力是指通过大模型对知识进行推理，达到解题的目的。因此，它可以作为学生查找解题答案和进行作业批改的得利助手。这一功能可大规模应用于K12教育、智能自习室等新型的人工智能学习领域。

图1-17为DeepSeek在自然语言理解与分析中的应用示例，当输入提示词后，DeepSeek会在推理的过程中进行解题。

图1-17

1.4.3 编程与代码生成

在编程与代码生成领域，DeepSeek展现出了显著的作用，它能够支持各种语言的编码工作，甚至在一定程度上替代程序员进行代码开发。其核心功能在于，根据结构化的需求自动生成代码，同时对代码进行调试和测试，最终生成相应的API文档。

1. 代码生成

代码生成功能可以根据需求自动生成Python、HTML5、CSS3、JavaScript等语言的代码片段。同时，具备自动补全代码、代码功能解释，以及自动给代码增加注释等功能。

2. 代码调试

代码调试功能具备代码错误分析与修复建议、代码性能优化提升等功能。程序员可以将有问题的代码输入DeepSeek，提出代码调试的需求，系统会自动对代码运行结果和错误，以及性能方面的问题进行修改，并返回给用户。

3. API文档生成

DeepSeek还具备自动生成API技术文档的能力。当程序员完成某个程序的开发，只需将代码提交给DeepSeek，并提出针对特定函数、模块或功能的API文档书写需求，DeepSeek会根据用户提交的代码自动生成相应的API文档，提高了程序员编写API文档的效率。

图1-18为DeepSeek在代码与编程中的应用示例。当用户基于业务分析得出具体需求，例如要求DeepSeek创建一个用户登录的前端页面时，只需将需求提交给DeepSeek，便可以迅速获得生成的代码和HTML文件，直接单击就可以运行查看结果。

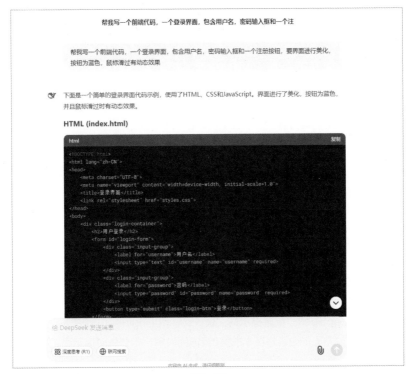

图1-18

1.4.4　常规绘图

DeepSeek拥有强大的图形绘制功能，能够创建SVG矢量图、Mermaid图表、React图表等。

SVG矢量图：包括基础图形、图表、组织架构图、简单插图等。

Mermaid图表：可以支持如流程图、时序图、类图、状态图、实体关系图、思维导图等。

React图表：包括折线图、柱状图、饼图、散点图、雷达图、组合图表等。

以上图形可以在DeepSeek中直接绘制，然后将其转换为HTML代码，在网页中显示或者在Mermaid软件中使用。复杂的图形需借助其他工具，在Midjourney或者Stable Diffusion中绘制。

图1-19为DeepSeek的绘图应用示例，当用户输入绘图的提示词，大模型会根据需求绘制图形，并将其转换为HTML格式，单击"运行HTML"按钮，可以在浏览器中显示绘制效果。

15

图1-19

1.5　DeepSeek使用技巧

　　为了更好地利用DeepSeek，掌握提示词工程(Prompt Engineering)的知识至关重要，这关乎如何精准地提出问题。这方面的内容将在本书第2章详细讲解，本节先对提示词工程进行简要介绍。

　　提示词(Prompt)，是用户向AI传达需求的指令信息，是AI执行任务并输出结果的基础。提示词的形式多样，目前尚无统一标准来界定何为"最优"。它可以是一个简单的问题、一段详细的指令，也可以是一个复杂的任务描述。

1. 提示词基本结构

提示词的基本结构包括指令、上下文和期望三部分。

指令：明确用户需求，告诉AI需要执行的具体任务。

上下文：帮助AI识别用户身份和自身角色，以便更好地理解语境并执行任务。

期望：明确任务输出的具体要求，如字数、格式、图片大小等。

以上是最基础的提示词书写方法，适用于各种任务。

2. 提示词书写技巧

为了进一步提升提示词的效果，以下是作者总结的几条提示词书写技巧。

以日常说话的方法明确需求：直截了当地表达需求，如"请帮我总结一下计算机的发展历史。"

告诉AI上下文的信息：让AI了解背景信息，如"请将以下英文句子翻译成中文：I need rest。"

指定输出格式：输出我们想要的格式，如"请将成都2025年2月12-15日的天气用结构化表格的形式列出。"

分步骤提问：对于复杂任务，可以分步骤提问，DeepSeek能够自动识别上下文。如"1.请先解释什么是深度学习？2.深度学习有哪些主要应用场景？3.如何开始深度学习？"

给AI设定专家角色：通过角色设定，让AI以专家的身份回答问题，如"你是一位机器学习领域的专家，请给我讲一下神经网络的理论基础。"

场景化提问：同样的问题，不同场景的回答是不同的，如"请以中学生能理解的语言，给我讲一下强化学习的概念。"

不同语气提问：同样的问题，不同的语气得到的结果也不同，如"请以商务邮件的格式，写一封项目合作邀请函。"

追问的方式：当第一轮对话结束后，如果回答不尽如人意，可以将提示词细化或者补充，再进行追问，AI会根据上下文判断，对上一轮回答的问题进行补充。

通过以上技巧，用户可以更高效地使用DeepSeek，获得更精准、更符合需求的输出结果。

1.6　本章小结

本章全面介绍了DeepSeek的基础知识，包括什么是DeepSeek、DeepSeek的功能与用途，以及如何使用DeepSeek。在此基础上，讲解了常见AI大模型中的大型语言模型(LLMs)和Transformer架构，并演示了如何在本地部署DeepSeek。此外，介绍了DeepSeek的应用领域，并详细讲解了DeepSeek的使用技巧。

通过本章的学习，读者能够初步掌握DeepSeek网页版和本地部署的使用方法，并能够完成一些简单的任务。后续章节将继续深入讲解DeepSeek在具体应用场景中的使用方法，帮助读者更好地利用这一强大的人工智能工具。

第2章
DeepSeek基础知识与提示词工程解析

　　随着人工智能内容生成（AIGC）技术的不断进步与日益普及，这一领域内的创新工具层出不穷。其中，DeepSeek作为一款功能强大且高效的AI工具，凭借其卓越的性能，正在为广大用户提供强有力的支持，帮助用户更加高效地处理各种复杂任务。

　　本章将详细介绍如何高效使用DeepSeek，并深入探讨在AIGC时代如何构建高效的提示词与AI交互策略。从基础的界面使用到进阶的提示词工程，本章内容将帮助读者全面掌握DeepSeek的使用技巧与应用场景，从而更好地利用这一工具提升工作效率和创造力。

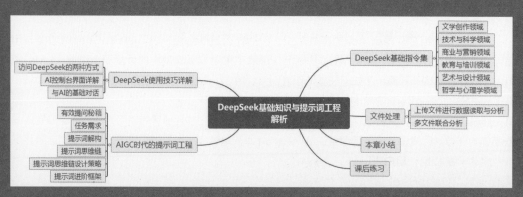

2.1　DeepSeek使用技巧详解

DeepSeek作为一个先进的人工智能平台，为用户提供了两种便捷的访问方式：移动应用和网页版。这两种方式各具特色，用户可以根据自己的实际需求，灵活选择最适合的访问方式。无论是在个人设备上使用，还是在工作环境中进行深度操作，DeepSeek都能够提供无缝衔接的使用体验。接下来，我们将对这两种访问方式进行详细介绍。

2.1.1　访问DeepSeek的两种方式

1. 官方移动端应用程序访问

官方移动端应用程序是DeepSeek非常直接、便捷的访问方式之一。DeepSeek提供了适用于iOS和Android操作系统的官方移动应用程序，用户可以在手机或平板电脑上直接下载并安装该应用程序，享受随时随地与AI进行互动的便利。以下是通过应用程序访问DeepSeek的方法。

▶ 下载与安装

用户可以通过App Store搜索DeepSeek并下载安装。无论是Android用户还是iOS用户，都可以在官方应用商店中找到DeepSeek的应用程序。下载过程也非常快捷简便，通常只需要几分钟。在安装完成后，用户可以单击应用图标，打开程序并开始使用，如图2-1所示。

▶ 注册与登录

首次使用时，用户需要注册一个账户。DeepSeek支持多种快速注册方式，包括使用微信登录、Apple登录，以及手机号注册，如图2-2所示。

▶ 界面与使用体验

注册并登录后，用户将进入控制和交互界面，如图2-3所示。

通过手机应用，用户可以非常便捷地与DeepSeek进行交互。应用内的界面设计简洁直观，用户可以轻松找到各项功能。在与AI对话时，用户可以输入文本并即时接收AI生成的响应。对于需要频繁与AI交互的用户，移动应用提供了稳定且便捷的体验，尤其适合经常在外但依赖AI支持的用户。

图2-1

图2-2

2. 网页端访问

DeepSeek的网页版访问方式，为不习惯使用手机的用户提供了更为传统且全面的操作体验。网页版的DeepSeek可以通过PC或笔记本电脑的浏览器直接访问，使用户能够在更大的屏幕空间中操作，特别适合执行复杂任务或多任务。

▶ 进入DeepSeek主页

网页版的DeepSeek可以通过访问官方网站(https://www.deepseek.com/)来使用。用户只需在浏览器中输入网址，单击"开始对话"按钮，即可进入DeepSeek主页，如图2-4所示。

图2-3

图2-4

▶ 注册和登录

在DeepSeek主页，用户需要使用自己的微信或手机号进行注册或登录，如图2-5所示。

▶ 界面与功能

网页版提供的功能与移动应用程序类似，但由于其所使用设备的显示屏更大，因此其操作界面也更加宽敞，如图2-6所示。

> **提示** 对于普通用户，特别是那些在日常生活中需要快速获取AI反馈的用户，使用官方移动应用程序无疑是一个更为便利的选择。移动应用程序能够随时随地满足用户的需求，特别适合利用碎片化时间进行高效操作。而对于那些在工作中需要进行复杂分析或处理长时间任务的用户，网页版无疑会提供更为广阔的操作空间。

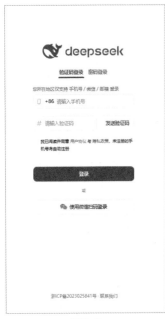

图2-5

图2-6

2.1.2　AI控制台界面详解

DeepSeek AI控制台的界面是用户与AI进行交互的核心平台。理解和掌握控制台的各项功能，将帮助用户更高效地使用DeepSeek完成各种任务。以下是对DeepSeek AI控制台的详细介绍，涵盖其主要界面元素、功能操作，以及如何充分利用这些功能。

1. 控制台的界面布局

DeepSeek的AI控制台设计简洁而实用，其界面主要分为两个部分，如图2-7所示。

左侧面板：界面的左侧区域，通常显示用户信息、历史对话记录和开启新对话按钮。用户可以通过此面板，实现快速访问之前的对话记录、启动新对话等功能。

右侧操作区：用户与DeepSeek交互的主要区域，所有输入和输出内容都会显示在这里。用户可以在此进行文本输入、查看AI生成的回答、上传文件等操作。

图2-7

2. 主要功能详解

▶ 深度思考(R1)

深度思考(R1)，是DeepSeek的核心功能之一，是AI能力的集大成者。该功能能够让用户通过与AI的互动，进行复杂的思维推演和深度分析，从而获得更加详细、系统且深刻的答案。无论是面对学术研究、创意写作，还是技术难题，深度思考功能都能极大地提升用户的思维广度和深度，帮助用户在短时间内获得比传统方法更为全面的解答。

深度思考的关键价值，在于其"思维链(Chain of Thought，COT)"的呈现方式。与传统的简单问答不同，深度思考功能不仅仅给出答案，更重要的是呈现出思考过程中的每一步推理路径。这种思维链的展示让用户能够清晰地看到AI是如何从多个角度切入问题，逐步推导出结论的。举例来说，假设用户提出一个关于科学研究的问题"人工智能对未来艺术创作的影响"。使用深度思考(R1)功能，AI不仅会直接给出回答，还会呈现出分析过程中每一步的推理逻辑，如图2-8所示。AI自动进行了问题的拆解，并从更全面的角度回应这个问题。这种思维链的呈现方式，使用户不仅能够了解最终答案，还能洞察到AI是如何构建这一结论的。

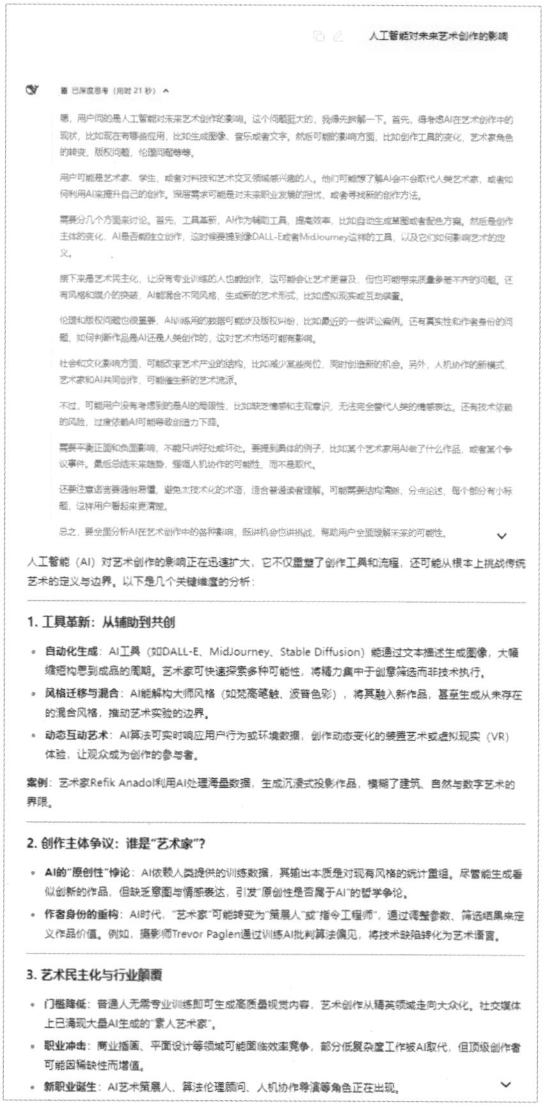

深度思考的这种思维链展示甚至比得出答案更重要，"了解怎么提问比了解答案更重要"，换而言之，"了解怎么得到答案也比答案更重要"。COT的呈现能够帮助用户增强理解，全面理解问题的多维度特性，不仅仅是看到最终结果，还能跟随AI的思考过程加深对问题本质的把握。同时，通过深入的推理过程，用户往往能激发新的思路或发

图2-8

现更有效的解决方案。尤其对于创意写作、科研创新等领域，深度思考功能为用户提供了一个全新的视角。此外，其还能够提高批判性思维能力，深度思考不仅仅是给出"答案"，而是展示了思维的多个步骤，这为用户提供了更多的反思和批判空间，提升了思考的深度和质量。

深度思考(R1)的应用场景非常广泛，几乎覆盖了所有需要复杂思维的领域。

学术研究：对于科研人员来说，深度思考(R1)能够帮助他们分析论文、研究报告中的复杂理论，甚至生成新的研究思路和假设。

创意写作：在创意写作领域，深度思考(R1)能够辅助用户进行故事情节的设计、角色塑造的分析，甚至帮助开发出新的创作方法。

技术问题解决：技术专家可以使用深度思考(R1)来分析技术难题，深入探索问题的根源，并提出创新的解决方案。

教育辅导：在教育领域，深度思考(R1)可以作为辅导工具，帮助学生更好地理解复杂的学术概念，增强他们的逻辑思维能力。

▶ 联网搜索

联网搜索是DeepSeek的另一个强大功能，它与深度思考(R1)功能相辅相成，为用户提供了一个基于实时互联网资源的强大支持。联网搜索的核心优势在于能够即时访问互联网上最新的、丰富的知识库，帮助用户获取当前最前沿的信息和数据。这一功能在科技、医学、商业趋势等不断变化和更新的领域尤为重要，它使得DeepSeek的知识库始终保持动态更新，确保所提供的回答不仅具有深度，还能紧跟时代发展的步伐。

联网搜索功能通过AI与互联网的实时连接，在用户提出问题后，自动从网络中查找相关资料，收集当前的研究成果、新闻动态、专业文章等信息。这一过程分为两大步骤：一是实时搜索与数据采集。当用户提出问题时，AI会根据输入的内容，自动在互联网上进行搜索。它会搜索相关文章、论坛讨论、学术论文、技术报告等，收集相关信息。这一步骤极大提高了回答的时效性与多样性。二是信息筛选与整合。AI会根据搜索到的资料进行筛选，选出最相关、最具权威性的数据。之后，它会将这些信息汇总并整合成一个简洁且有条理的回答，并给出详细的网页来源，如图2-9所示。

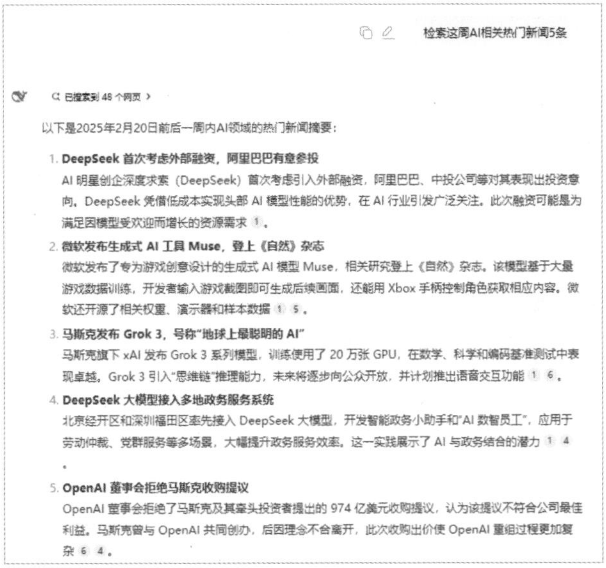

图2-9

这种结合了实时搜索和智能分析的联网搜索功能，使得DeepSeek不仅能够提供基于内部知识库的回答，还能直接引用互联网上的最新数据和趋势，使其更加符合实际需求和应用场景。

▶ 联网搜索与深度思考(R1)的结合

联网搜索与深度思考(R1)功能结合使用时，能够发挥协同作用，进一步提升AI的分析能力。在深度思考的过程中，AI通常会依靠其已有的知识库来进行推理和分析。然而，在面临某些高度专业化或实时变化的问题时，深度思考的答案可能会受到知识库更新周期的限制。此时，联网搜索能够弥补这一不足，提供最新的外部数据。

例如，假设用户询问"人工智能在学术研究领域的应用前景"。如果只依靠内部知识库，AI的分析可能无法包含最近的研究动态或最新的技术突破。通过联网搜索，DeepSeek可以实时搜索最新研究成果、技术发展和行业趋势，从而确保AI的回答不仅具有深度的思维分析，还能包含最新的外部资源和观点。结合深度思考(R1)的思维链分析，这样的回答既具备全面的理论支持，又能紧跟科技发展的步伐，如图2-10所示。

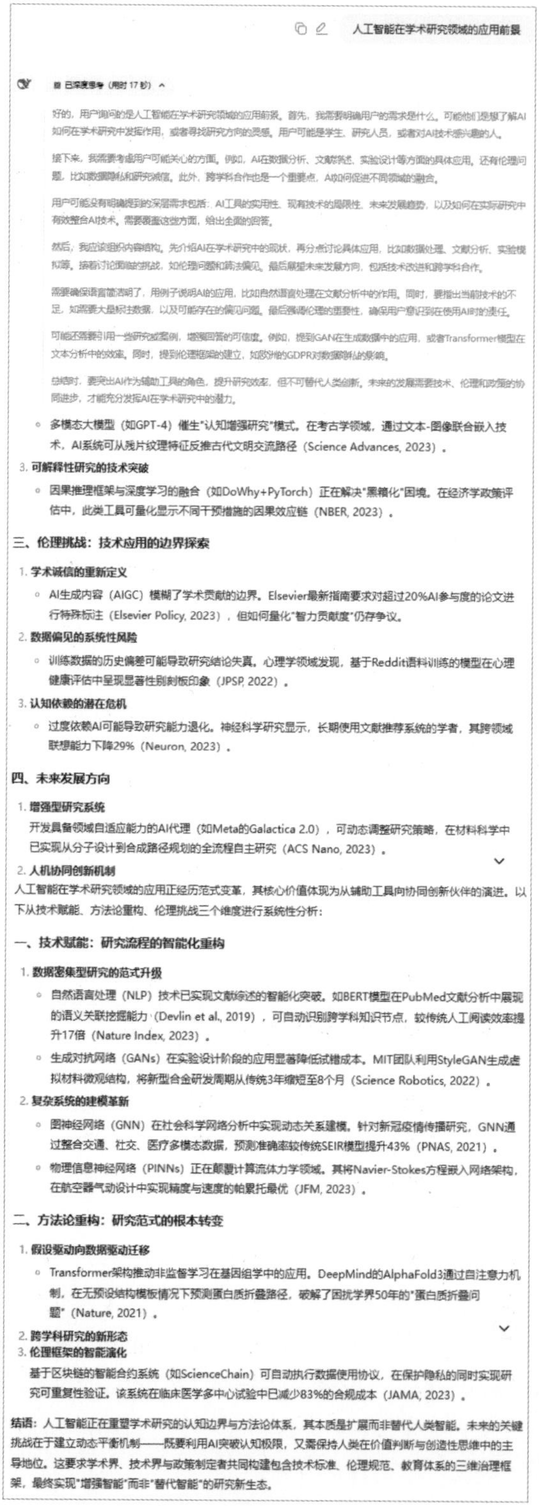

图2-10

> ▶ 历史记录与新建对话

在控制台左上角，设置了"收起/打开边栏"按钮，单击后可以查看所有的历史对话记录。用户可以随时回顾之前与AI的互动内容，查看AI给出的回答，并根据需要继续之前的对话。这一功能特别适合需要反复回顾信息或继续讨论某个主题的用户，如图2-11所示。

在打开控制台边栏后，用户可以看到"开启新对话"按钮，单击此按钮即可新建一个对话窗口，开始与AI进行全新的互动。通过新建对话功能，用户可以一次性处理多个问题或任务，方便进行并行处理和任务管理。

图2-11

> ▶ 文件上传与多种输入方式

DeepSeek提供了强大的文件上传功能，支持多种输入方式，以便用户能够更方便、高效地与AI进行互动。

文件上传功能使得用户能够将不同格式的文件直接上传到DeepSeek，并让AI从这些文件中提取关键信息，进行分析和处理。用户可以上传多种类型的文件，如文本文件、PDF文档、图片文件等，这为处理复杂任务提供了更大的灵活性。例如，对于学术研究人员或企业用户来说，常常需要从大量的文献或报告中提取信息。通过上传PDF或其他文本文件，AI可以快速扫描文件内容，提炼出重点信息或生成摘要。这在文献综述、报告分析等场景中尤为有效。

DeepSeek还支持其他多种输入方式。例如，在许多场景中，用户可能需要通过拍照来获取某些信息，特别是在纸质文件或手写材料中。DeepSeek支持拍照上传并识别图片中的文字，通过光学字符识别(OCR)技术，AI能够迅速识别照片中的文字内容，并将其转换为文本进行处理。同时，DeepSeek不仅支持单纯的文字识别，还可以分析图像中包含的元素。例如，在设计或艺术创作中，用户可能需要识别图像中的特定内容，如风格、色调、构图等。AI能够解析图像，并根据用户需求提取有用的信息，帮助用户在创作中做出更精确的决策。此外，DeepSeek还支持传统的文件上传功能，用户可以直接上传本地文件，如Word、Excel等多种格式的文档。AI会从中提取信息进行处理，帮助用户完成文档分析、报告生成等任务。

图2-12

这些输入方式使得DeepSeek能够根据用户需求提供更加灵活和多样的服务，尤其在数据分析、创意设计和学术研究等领域中，极大地提升了AI的应用价值。上传按钮，如图2-12所示。

提示

在联网搜索开启的情况下，无法使用上传文件功能。

▶▶ 个人信息

在控制台的左下角，设置了个人信息功能，包含了"删除所有对话""退出登录"等选项。

其中，隐私部分尤为重要。DeepSeek在AI交互过程中，高度重视用户数据的隐私保护，所有输入的文本、上传的文件，以及其他数据信息都经过加密处理，确保用户的隐私安全。同时，DeepSeek的隐私政策详细说明了如何收集和使用数据，用户可以根据需要调整数据的共享设置，控制哪些信息可以被DeepSeek使用。单击"个人信息"|"系统设置"|"账户信息"后，即可找到"隐私政策"，如图2-13所示。

图2-13

2.1.3　与AI的基础对话

在DeepSeek中，与AI的互动是通过自然语言对话进行的。用户可以通过输入文本与AI进行互动，获取所需的信息或帮助。无论是进行简单的问答，还是执行复杂的任务，DeepSeek都能提供精准和高效的响应。以下是如何与AI进行基础对话的步骤，以及相关的功能介绍。

1. 启动对话

在DeepSeek的控制台中，用户只需单击"开启新对话"按钮，即可开始一场新的对话。此时，用户可以在右侧操作区的文本框内输入问题或需求，AI将实时生成回答，并将结果显示在对话窗口中。无论是询问具体问题，还是请求生成文本，DeepSeek都能够进行自然、流畅的互动。

2. 文本输入与响应

在对话框中输入文本后，AI会根据用户的指令或问题，提供相对应的响应。用户可以提出任何类型的问题，AI则会尽力提供最贴切、最相关的答案。例如，用户可以询问具体的学术问题、进行知识查询，或要求AI帮助进行创意写作。在输入过程中，DeepSeek会处理文本中的关键词和上下文，以确保给出的答案符合用户的需求。

3. 交互体验

与传统的搜索引擎或简单的问答系统不同，DeepSeek不仅提供直接的答案，还能够理解更复杂的上下文，进行深度推理和分析。例如，用户可以进行多轮对话，每次与AI的交互都会根据之前的对话进行调整，使得每个问题的答案更加贴合用户的实际需求。用户还可以在每个对话中逐步深入或修正问题，AI会实时优化其答案。

4. 常见的对话场景

学术研究：用户可以与AI讨论论文的核心观点，获取相关领域的研究现状，或寻求创新性思路。例如，用户可以询问"AI在艺术创作中的应用前景"或"关于神经网络的新进展"。

创意写作：用户可以通过与AI讨论情节设计、角色塑造等问题来获取创作灵感。例如，"给我一个悬疑故事的开头"或"我需要一个超能力角色的设定"。

日常问题解答：AI能够帮助用户解决日常生活中的问题，例如学习技巧、健康建议、科技资讯等。用户可以询问"如何提高学习效率"或"未来10年最有前景的技术是什么"。

任务与建议：AI还能够提供任务的解决方案和建议。例如，"给我推荐一份科技论文的写作结构"或"如何更有效地管理时间"。

5. 多轮对话的流畅性

在多轮对话中，AI会根据每一轮的互动内容，理解用户的需求变化。用户的后续问题往往会基于之前的对话进行扩展，AI能有效地跟踪上下文，持续优化其回应。例如，若用户在初次询问某个问题后，得到了一些信息，然后希望进一步深入了解某一部分内容，AI会记住前一轮的对话内容，提供更加个性化和精细的解答。

6. 语气与风格的自适应

DeepSeek还能够根据用户的语言风格自适应调整回应的语气。无论是正式的专业答复，还是轻松的对话风格，AI都可以灵活调整。例如，如果用户希望获得简明扼要的回答，AI会尽量缩短回答的字数并提取最核心的信息，如图2-14所示；而如果用户要求更详细的分析，AI则会给出详细的推理和解释。

图2-14

2.2 AIGC时代的提示词工程

随着生成式人工智能(AIGC)技术的快速发展，如何设计有效的提示词(Prompts)成为人工智能与人类交互的核心问题之一。在AIGC时代，提示词不仅是用户与AI沟通的桥梁，更是AI输出优质内容的关键因素。尤其是在艺术创作和设计领域，精确且富有创意的提示词能够极大地提升AI生成的作品质量，帮助用户实现从灵感激发到具体创作的无缝对接。DeepSeek作为一款结合深度思考(R1)与联网搜索的AI工具，其在提示词工程中的独特功能为我们提供了更多创新的可能性。

本节将深入探讨如何运用提示词工程的理论与实践，提升AI与用户的交互质量，优化AI生成的内容。我们将通过逐步解析提示词的构建过程、任务分解方法及提示词思维链等，帮助读者掌握设计有效提示词的技巧与策略。

2.2.1 有效提问秘籍

在AIGC工具的使用过程中，提问是用户与AI之间的最基础且最关键的互动方式。通过有效的提问，用户能够引导AI理解任务的核心需求，确保生成内容的相关性与质量。本小节将详细讲解如何设计清晰、明确且富有深度的问题，特别是在使用DeepSeek这种集成了深度思考(R1)与联网搜索功能的AI工具时，如何通过优化提问，来最大化地提升AI生成内容的精准度和实用性。

1. 明确问题目标与需求

要进行有效提问，首先需要明确自己期望从AI那里获得何种结果。这一过程不仅仅是简单的提问，还要涵盖目标的设定、期望结果的定义和具体的需求描述。例如，假设我们希望AI设计一位具有未来科技风格的角色，我们的提问就不应局限于"设计一个未来角色"，而应更为具体，如"设计一位未来科技风格的男性角色，拥有机械义肢和智能眼镜，外表严肃且具威慑力"。明确的目标有助于DeepSeek准确把握任务重点，从而避免生成过于模糊或者与需求不符的内容。

2. 开放式与封闭式问题的结合

有效的提问并非局限于单一形式。一般而言，开放式问题能够激发AI的创意思考，促使其产生多样化的答案；而封闭式问题则帮助用户快速获取明确的、结构化的信息。在实际应用中，结合开放式和封闭式问题，可以使提问既具创造性，又不失明确性。

开放式问题通常没有固定的答案，它们鼓励AI给出详细的解释、观点、建议或创意。这类问题通常有助于引导AI进行推理、分析和创造，尤其适用于需要深入思考的任务，比如创意写作、研究探索、情感分析等。

例如：

> "你认为未来人工智能将在教育领域发挥什么作用？"
> "描述一位复杂的反派角色，结合心理动机与社会背景。"

这些问题没有固定答案，可以激发AI从多个角度进行探索，并提供更具深度和广度的回答。

封闭式问题则相对直接，通常要求AI给出明确的回答或做出决策。这类问题能够帮助用户迅速得到结构化的信息，适用于获取事实性、定量或需要精确答案的任务。封闭式问题能够高效地为用户提供答案，尤其是在数据分析、判断推理等方面。

例如：

> "人工智能是否可以替代医生的部分工作？"
> "今天是星期几？"

封闭式问题通常要求的是简单明了的答案，如"是/否"或直接给出数字、事实等具体信息，有助于用户迅速获取清晰、直接的回应。

结合开放式与封闭式的问题方式，可以实现灵活的提问策略，在确保得到快速、准确答案的同时，也能激发更多创意和深入分析。这种方法在应对复杂任务时尤为有效，因为它能够在创意与具体执行之间找到平衡，既促使AI深入思考问题，又能迅速获取必要的结构化信息。

3. 分解问题，逐步推进

在面对复杂问题时，逐步分解问题并细化提问是一种非常有效的方法。这种方法本质上是通过将大问题拆解为多个小任务，逐一解决每个子任务，从而确保生成内容的准确性和层次性。实际上，这种分解问题的过程与思维链是相似的，DeepSeek的深度思考功能已经融入了思维链结构。用户在提出复杂问题时，DeepSeek会自动将问题分解为多个推理步骤，每一步都涵盖了详细的逻辑推导，使得每个子任务都能独立且准确地完成，从而确保最终的生成内容在逻辑上严谨且层次分明。

例如，在创作复杂的学术论文或进行项目规划时，用户可以将大问题拆解为多个小问题，逐步推进。以撰写一篇关于人工智能伦理的论文为例，用户可以首先询问"什么是人工智能伦理？"然后再提问"人工智能伦理面临的主要问题是什么？"接着询问"如何解决人工智能在伦理方面的挑战？"在DeepSeek的深度思考功能下，这些问题会逐步引导AI进行深入的推理，确保每个子问题都得到细致的解答，最终形成一个结构严密、逻辑清晰的论文内容。

通过这种方式，用户不仅能够帮助AI聚焦每个小任务，还能确保生成内容的整体一致性和逻辑性。值得注意的是，DeepSeek的深度思考功能本质上就是通过这种思维链的方法，自动处理问题分解和推理过程，从而使复杂问题的解答更加精准、系统。因此，分解问题并逐步推进，实际上是DeepSeek深度思考功能中一个自然而然的组成部分，用户无须额外设置思维链，DeepSeek会自动完成这一过程。

4. 提供足够的背景信息与上下文

AI的输出质量很大程度上依赖于用户提供的信息量和上下文。尤其是DeepSeek这种具有深度思考能力的工具，能够根据提供的信息进行深入的推理分析。因此，在提问时，提供足够的背景信息对于确保AI正确理解问题、生成高质量内容至关重要。例如，在进行艺术创作时，如果用户没有明确描述画风、人物性格等信息，AI可能会生成偏离预期的结果。因此，在提问时，补充相关背景信息，例如角色性格、目标受众、作品主题等，能显著提高AI输出的准确性。

2.2.2 任务需求

在AIGC时代，AI工具的效果不仅取决于其自身的算法和模型，更依赖于用户如何定义任务需求，以及如何设计与之匹配的提示词。通过精确的任务需求分析，用户能够充分定位目标。对于DeepSeek，通过深度思考与联网搜索的双重优势，能够处理复杂的任务并基于海量的数据提供实时、相关的创作支持。

任务需求分析的重点是从目标到细节的梳理，在设计提示词之前，首先要对任务需求进行深入分析。这不仅是为了明确创作的方向，还能帮助AI确定需要关注的关键元素，从而确保生成的内容与需求紧密契合。任务需求分析通常分为以下3个步骤。

明确任务的核心目标：在进行任何创作之前，首先要明确任务的核心目标。例如，用户希望AI设计一款未来主义风格的插画，那么目标就是生成具有现代科技感与未来感的视觉作品。

定义任务的子目标和细节：任务需求不仅仅是一个简单的目标，它往往涉及多个子目标与细节。例如，在插画创作中，除了定义整体风格，还需要明确具体元素的设计，如角色设计、背景构图、光影效果等。

设定约束与要求：任务的细化不仅仅包括内容的定义，还包括对风格、形式、结构等方面的要求。例如，角色设计可能要求角色具有柔和的面部表情与动态的肢体语言，插画背景需要简洁现代，不出现过多复杂的元素。

在DeepSeek的使用过程中，对任务需求的分析尤为重要，因为该工具通过深度思考功能，能够从多个维度对任务进行全面分析。用户需要提供明确的目标、细化的需求及相关的约束条件，才能使AI生成更加精准的内容。

2.2.3　提示词解构

在AIGC创作中，提示词解构(Prompt Decomposition)是一种重要的提示词优化策略，它通过拆解和分析提示词的不同组成部分，使AI能够更精准地理解任务需求，从而生成符合用户期望的高质量内容。相比于简单的关键词输入或单一指令，提示词解构能够提供更具层次性、逻辑性和针对性的提示，让AI在生成过程中更加精准高效。

DeepSeek作为一款集成了深度思考(R1)与联网搜索的AI工具，其提示词解构能力尤为重要。在复杂任务中，AI需要通过多层次的解析，理解任务的不同维度，并根据这些维度进行有针对性的内容生成。因此，理解提示词的构成、优化提示词的层次结构，是提升AIGC创作质量的关键。

1. 提示词的基本构成

在进行提示词解构时，我们首先需要理解提示词的核心构成部分。一个完整的提示词通常由以下几个要素组成。

主题(Subject)：任务的核心主题，决定了AI需要聚焦的主要内容。例如，"智能家居系统的未来趋势"。

背景(Context)：提供任务的相关背景信息，使AI能更好地理解任务需求。例如，"面向普通消费者的智能家居市场"。

风格(Style)：指示AI应该采用的写作或表达风格，如正式、科普、幽默、故事性等。例如，"以通俗易懂的方式介绍"。

结构(Structure)：规定AI生成内容的组织形式，如报告、新闻稿、论文、故事大纲等。例如，"按照'现状—趋势—挑战—解决方案'的结构撰写"。

限制条件(Constraints)：对输出结果进行约束，如字数、格式、使用的技术术语等。例如，"字数限制为1500字，避免使用过于专业的术语"。

输出格式(Format)：指定AI的输出格式，如列表、表格、分点说明等。例如，"用五个要点概括文章内容"。

下面是一个完整的提示词示例：

> 请撰写一篇关于"智能家居系统的未来发展趋势"的文章，面向普通消费者，以通俗易懂的方式介绍当前智能家居的技术进步、市场趋势和可能的挑战。文章应包含"现状—趋势—挑战—解决方案"的结构，总字数在1500字以内，并避免使用过于专业的术语。

在这个示例中，主题是"智能家居的未来发展趋势"，背景是"面向普通消费者"，风格是"通俗易懂"，结构是"现状—趋势—挑战—解决方案"，限制条件是"1500字以内，避免使用专业术语"，输出格式是"文章"。

2. 提示词解构的三种方法

提示词解构的目的，是让AI能够逐步解析提示内容，并确保其理解任务需求的多个层次。在DeepSeek的深度思考模式下，AI会自动拆解提示词并进行逐步推理，但用户仍可以通过优化提示词结构的方式，来提高AI的生成质量。

▶ 方法1：层次分解法

层次分解法(Hierarchical Decomposition)，是将一个复杂任务分解为多个层次，每个层次代表一个独立但相关的子任务。这样，AI能够逐步生成内容，并确保逻辑的连贯性。以下围绕"分析人工智能对未来就业市场的影响"这一主题，分析不良示例和优化示例，展示层次分解法的运用方式。

✗ 不良示例(过于简单)：

> "请分析人工智能对就业的影响。"(信息不完整，缺乏方向)

✓ 优化示例(采用层次分解法)：

> "请撰写一篇关于人工智能对未来就业市场影响的文章。请依次讨论：
> 人工智能取代传统工作的可能性。
> 人工智能如何创造新的就业机会？
> 未来哪些行业将受到最大影响？
> 政府和企业可以采取哪些措施适应变化？"

使用此方法的优点，是让AI按顺序回答多个子问题，逻辑清晰。同时，避免AI生成杂乱或过于笼统的回答。该方法适用于需要多角度分析的复杂任务，如商业报告、论文撰写等。

▶ 方法2：目标导向法

目标导向法(Goal-Oriented Prompting)强调提示词的最终目标，即明确告知AI预期的结果，以确保输出的内容符合预期。以下围绕"撰写一份关于区块链技术在金融领域应用的研究报告"这一主题，分析不良示例和优化示例，展示目标导向法的运用方式。

✗ 不良示例(目标模糊)：

> "请介绍区块链在金融领域的作用。"(未指定目标、受众或具体要求)

✓ 优化示例(采用目标导向法)：

> "请撰写一份关于'区块链技术在金融行业的应用'的研究报告，面向金融科技行业的专业人士。请涵盖：
>
> 区块链在银行业、支付、保险、证券交易中的具体应用。
>
> 该技术带来的主要优势(安全性、透明度、成本降低)。
>
> 目前区块链在金融领域面临的主要挑战及解决方案。
>
> 未来可能的发展趋势。请使用正式学术写作风格，字数控制在2000字左右。"

使用此方法的优点，是明确任务目标，使AI生成更符合需求的内容。该方法适用于报告、论文、市场分析等正式文档的创作。

> ▶ 方法3：示例引导法

示例引导法(Example-Guided Prompting)通过提供范例，帮助AI理解用户的偏好，并生成风格、结构、内容相似的内容。以下围绕"撰写一个商业计划书的摘要"这一主题，分析不良示例和优化示例，展示示例引导法的运用方式。

✗ 不良示例(缺少示例)：

> "请撰写一份商业计划书的摘要。"(AI可能无法理解具体需求)

✓ 优化示例(采用示例引导法)：

> "请撰写一份商业计划书的摘要，参考以下示例：'本商业计划书旨在开发一款基于AI的智能健康管理系统，面向中高端用户群体。核心功能包括个性化健康分析、实时数据监测、AI健康建议。目标市场为全球健康管理行业，预计在3年内实现盈利。'请根据类似格式撰写一份关于人工智能教育平台的商业计划书摘要。"

使用此方法的优点，是通过示例提供清晰的风格、格式参考。该方法适用于需要特定风格、格式或内容匹配的任务，如写作、新闻稿、商业计划书等。

3. 结合DeepSeek的深度思考进行提示词优化

DeepSeek的深度思考功能本质上已经内嵌了提示词解构的能力，它可以自动分析复杂的提示词，并将其拆解为多个推理步骤。然而，用户仍然可以通过上述方法优化提示词，让DeepSeek的思维链更加清晰。例如，结合层次分解法，明确提示词的层级，让AI分步回答；采用目标导向法，确保DeepSeek的回答符合预期；借助示例引导法，提供格式化的参考，提高输出质量。

2.2.4　提示词思维链

提示词思维链(Chain of Thought)，是指通过一系列相互联系、逐步递进的提示词，引导人工智能(AI)进行推理和生成内容的一种策略。在AIGC创作中，提示词思维链使得AI能够将复杂的任务分解为多个层次的思考步骤，每个步骤都通过提示词引导AI一步步推理，从而生成结构清晰、内容有深度的结果。

1. 提示词思维链的定义与意义

提示词思维链不仅仅是一个简单的提示词序列，它更强调通过一系列逐步推理的提示词，帮助AI深入思考问题的不同方面。在这一过程中，每个提示词都充当了思维链中的一个环节，每一步都依赖前一步的输出，并为下一步的推理奠定基础。这种方式确保了生成内容的逻辑性、层次感和深度。

在AI创作中，复杂任务常常需要从多个维度进行推理和分析，而提示词思维链通过将任务拆解为多个更小的子任务，使AI能够逐步并准确地处理每个子任务，从而得到一个更加精准和全面的答案。

2. 提示词思维链的工作原理

提示词思维链的核心是逐步推理和逻辑递进。每个提示词不仅是对AI的一个具体任务指令，而且为后续的推理步骤提供了基础。在AI处理复杂任务时，用户通过精心设计的提示词序列，确保AI在思考过程中不遗漏重要细节，能够按顺序进行深度分析，并且最终得到结构严谨的结果。

例如，在艺术设计领域，用户希望AI协助完成一款科幻风格的角色设定，使用提示词思维链的思路可以这样构建。

第一步(背景设定)：请设定一个科幻背景世界，包括科技水平、社会结构、主要种族等信息。

第二步(角色定位)：在此世界观中，创造一名主要角色，定义其身份、性格特点和职业。

第三步(外观设计)：基于角色设定，描述其外观特征，包括服装、发型、配饰，以及是否有机械义肢等。

第四步(细节调整)：为角色补充更多细节，如战斗风格、特殊技能或标志性动作。

第五步(情境设定)：设定一个关键剧情场景，描述角色如何应对某个重大挑战或冲突。

这种分层式的提示词结构，能够帮助AI逐步构建完整的角色设定，避免生成的内容产生跳跃性或逻辑混乱。这种逐步推进的方式确保AI能够逐层深入分析每个子任务，从而避免生成混乱、不连贯或不全面的答案。

3. 提示词思维链的优势

增强推理深度与精确性：通过分解任务并逐步推进，AI能够进行更细致的推理和分析，每个子任务都得到了充分处理，从而提升结果的深度和精确度。

确保逻辑连贯性：提示词思维链能够帮助AI在生成内容时保持逻辑的连贯性。每一个提示都是基于前一个步骤的输出，形成了一个有序的推理链，从而避免了生成结果的跳跃性或不连贯性。

处理复杂任务的高效性：复杂任务通常涉及多个层面的问题，提示词思维链通过将问题拆解为更小的单元，避免了AI被庞大的任务压倒，确保每个细节都能得到妥善处理。

灵活的控制与反馈机制：用户可以根据生成的内容逐步调整提示词的设计，通过反馈进一步优化思维链，确保生成的结果更加符合预期。

4. 如何设计有效的提示词思维链

设计有效的提示词思维链需要对任务有深入的理解，并且精心设计每个推理步骤。以下是设计提示词思维链时的一些关键策略。

分解任务：将一个复杂的问题或创作任务拆解为多个小任务，每个任务具有清晰的目标和输出要求。确保每个子任务相互独立又能相互衔接。

逐步递进：从宏观到微观，逐步细化任务的每个方面。从任务的整体背景开始，逐渐深入到具体的技术或解决方案。

明确每一步的目标：确保每个提示都明确告诉AI当前步骤的具体要求。这有助于AI明确任务重点，避免偏离目标。

引导与反馈： 设计时要考虑到反馈机制，让每一步的输出为下一步提供反馈或调整依据。例如，AI生成某一部分内容后，用户可以基于结果调整后续的提示词，使生成的内容更加贴合需求。

5. 提示词思维链的类型

根据不同任务的需求，提示词思维链可分为以下几种类型。

> **逻辑推理型**

逻辑推理型思维链适用于需要严密推理和系统分析的任务，如学术研究、商业决策、数据分析等。这类思维链的特点是逐步分解问题，提供逻辑关联，确保推理完整。下面以"分析人工智能如何影响传统艺术行业"主题为例，展示逻辑推理型思维链的使用方法。

> 请分析AI在艺术行业的主要应用场景，例如绘画、音乐、影视等。
>
> 详细描述AI生成艺术的技术原理，例如深度学习、风格迁移等。
>
> 探讨AI生成艺术与人类艺术家的区别，包括创意性、情感表达等方面。
>
> 总结AI艺术的市场趋势，并分析其对传统艺术行业的冲击和未来发展方向。

> **创意发散型**

创意发散型思维链适用于需要激发AI创造力的任务，如故事创作、概念设计、广告文案等。这类思维链的特点是从多个角度探索可能性，引导AI进行创新思考，允许生成不同风格和主题的内容。下面以"创作一则关于未来城市的科幻短篇"主题为例，展示创意发散型思维链的使用方法。

> 描述一座未来城市，包括建筑风格、交通方式、社会制度等。
>
> 设定一位主角，介绍其生活背景、职业、目标和冲突。
>
> 设计一个故事情节，围绕主角展开一场重大事件。
>
> 使用戏剧性手法增强故事吸引力，并考虑加入一个意想不到的反转。

> **层级构建型**

层级构建型思维链适用于需要逐层递进、不断细化的任务，如产品设计、品牌策划、教学课程开发等。这类思维链的特点是从整体到局部，逐步完善细节，构建系统性内容。下面以"制定一套'人工智能入门'教学课程"主题为例，展示层级构建型思维链的使用方法。

> 列出一门人工智能基础课程的主要章节，包括概念、应用、伦理等。
>
> 为每个章节制定详细的教学大纲，列出核心知识点。
>
> 设计互动练习或案例分析，帮助学生更好地理解AI技术。
>
> 编写一份课程总结，并提供推荐阅读材料。

6. DeepSeek深度思考(R1)思维链的利弊

DeepSeek作为一款集成深度思考(R1)与联网搜索功能的AI工具，天然具备了提示词思维链的能力。这一功能使AI能够自动处理复杂任务的推理过程，通过逐步推理和逻辑递进的方式，确保生成内容的连贯性与深度。

尽管DeepSeek的思维链能力显著提升了创作效率和生成质量，展现了诸多优势。但它也存在一些潜在的缺点，用户应根据实际需求合理使用。下面简单介绍一下DeepSeek思维链的优缺点。

▶ DeepSeek思维链的优势

自动化推理流程： DeepSeek通过深度思考(R1)功能，自动化地将复杂任务拆解为多个推理步骤，极大地减轻了用户的设计负担。用户只需提供一个清晰的任务描述，DeepSeek便会根据任务的复杂性和目标自动进行思维链推理。这种自动化推理确保了任务的逐步展开，避免了因人工推理缺乏连贯性而导致的遗漏或不一致。

增强生成质量： 在创作过程中，AI逐步推进的思维链不仅保证了任务的全面性，还提高了生成内容的逻辑性和层次感。DeepSeek能够在多层次的推理中加入外部信息(如联网搜索)，这使得它能够生成更加精准、详细的内容，尤其在复杂的分析任务中，思维链的推理过程能够确保细节的充分呈现。

提高处理复杂任务的能力： 深度思考(R1)和联网搜索使得DeepSeek能够处理更多复杂、专业的任务。例如，涉及大量数据和多维度推理的任务，如科研报告、市场分析和技术设计，DeepSeek能够通过自动推理层级逐步展开分析，帮助用户精准获得结果。

▶ DeepSeek思维链的弊端

幻觉问题： DeepSeek在生成内容时，尤其在处理复杂的学术研究或专业任务时，存在一定的幻觉问题。所谓幻觉，即AI在没有依据的情况下"编造"内容，给出看似合理却缺乏事实依据的回答。根据Vectar的幻觉评估模型，DeepSeek-R1的幻觉率达到了14.3%，在全球LLMs(大型语言模型)中排名较低。这个问题对学术研究、商业决策等领域的应用影响较大，用户需要特别小心，确保生成的每一条信息都经过严格的验证与核实。

依赖性较高的背景信息： DeepSeek虽然能够根据已有知识库进行推理，但其推理质量也与输入的背景信息和提示词质量密切相关。如果用户未能提供足够的背景信息或上下文，AI可能会依赖于默认的推理路径，导致生成结果可能无法精确匹配需求。此时，用户需要对提示词进行调整，用额外的词汇来补充缺失的信息。

推理路径的不可控性： 尽管DeepSeek的自动推理能力较强，但用户对推理过程的控制相对有限。AI根据任务的复杂性和自身理解进行推理，而这种推理路径可能与用户的预期有所偏差。在某些情况下，AI可能会关注于不重要的细节或未能充分深入某些关键部分，这会影响最终生成内容的质量。

2.2.5 提示词思维链设计策略

设计有效的提示词思维链策略，是确保AI创作效果达到预期的关键。通过精准定位任务需求，并深度应用思维链方法，可以引导AI生成更符合要求的内容。以下是四种思维链设计方法，每种方法都能为创作过程提供独特的指导和创新支持。

1. 跨界思维链设计

跨界思维链设计是一种创新性思维框架，它要求将不同学科、领域或文化背景的知识和思维方式融合，以打破传统的学科壁垒，产生具有突破性、创新性的解决方案。通过多学科的交叉和融合，跨界思维链能够从多个视角和层次全面探索问题，并提供全新的解决路径。

下面以一个具体示例讲解跨界思维链的设计方法。

任务： 设计一款智能健康管理系统，该系统不仅依赖于科技，还需要融合心理学、社会学、文化学等领域的知识，从而提供更为个性化的健康管理方案。

通过跨界思维链设计，我们将不同学科的核心要素融合在一起，推动系统的创新性和实用性。

在设计过程中，首先我们需要结合人工智能技术来分析用户的健康数据，如体重、运动量、饮食等，通过机器学习模型来预测用户的健康趋势。仅仅依靠技术层面，可能只会得到一个精准的健康建议，但这个建议并不能完全满足用户的实际需求，特别是当用户面临情感或文化层面的挑战时。因此，在跨界思维链的指导下，我们还需要引入心理学中的情感理论来分析用户的心理状态。例如，如果一个用户在减肥过程中感到焦虑和沮丧，系统应能够识别到这些情感，并提供适当的心理辅导，鼓励用户坚持健康的生活方式。接下来，我们结合社会学中的行为学理论，考虑到不同社群的健康观念和行为差异，设计系统时需要关注文化背景对健康管理的影响。例如，不同地区和文化的用户对"健康"的理解不同，有的用户可能关注体型的美观，有的则更注重内在健康。这时，智能健康管理系统需要在建议内容上做出调整，以符合不同用户群体的文化和社会需求。

通过跨界思维链的设计，这个智能健康管理系统不仅仅局限于提供科学的数据和健康建议，而是从技术、心理、社会等多个维度出发，创造出一个全方位、个性化的健康管理方案。为此，可以整合出适用的提示词：

> 设计一款智能健康管理系统，融合人工智能、心理学、社会学与文化学的知识，提供个性化且全面的健康管理方案。具体应包含以下要素。
>
> 技术与数据分析：人工智能+健康数据分析+体重、运动量、饮食预测+个性化健康建议。
>
> 情感与心理学应用：情感分析+心理学情感识别+焦虑、沮丧情感状态识别+心理辅导建议。
>
> 文化与社会适配：社会学行为分析+文化背景对健康观念的影响+跨文化健康管理方案。

2. 聚合思维链设计

聚合思维链设计是一种将多个元素、观念和观点进行整合的思维方式。它强调将不同领域的信息和观点汇聚到一个整体框架中，以解决复杂问题或达到特定目标。通过这种设计，系统能够全面整合多个要素，优化决策，促进问题的多角度解决。

下面以一个具体示例讲解聚合思维链的设计方法。

任务： 设计一款社区活动管理平台，该平台旨在帮助居民管理和参与各种社区活动，并为活动的组织者提供支持。平台需要整合不同的信息来源，包括社区居民的需求、活动的组织情况，以及社区内的文化特点和资源分配等。

通过聚合思维链设计，我们需要整合社区居民的兴趣和需求。这一过程可能涉及通过简单的问卷调查或平台上的活动反馈系统，收集居民对于活动内容的偏好，如体育类活动、文化类活动或公益类活动。仅依赖用户的兴趣反馈，可能会导致活动组织的单一化，因此我们需要结合活动历史数据，查看过去活动的参与情况和受欢迎程度，进行数据分析，提供更符合社区需求的活动建议。接下来，我们结合社区资源管理，如场地、设备、志愿者等，来组织和安排活动。活动的成功不仅取决于居民的兴趣，还需要考虑到资源的合理配置，如体育活动需要较大的场地，而文化活动则可能需要特定的设备，平台需要聚合这些资源信息，帮助活动组织者做出合理的安排。此外，文化背景和社交互动也是平台设计的关键部分，不同社区的文化特点和居民的社交方式有所差异，有些社区可能偏向于家庭聚会或邻里互动，有些社区则更注重公益性活动，平台应根据社区的特点，为活动内容的设计和推荐提供支持，确保活动的文化适配性。

在此过程中，FOCUS框架可以作为指导。首先，筛选(Filter)平台的核心功能，如活动发布、报名管理和资源调配，确保活动类型适配社区需求并根据居民兴趣提供活动建议。随后，优化(Optimize)操作流程，简化活动报名过程，确保活动信息清晰展示，提升用户体验。接着，组合(Combine)不同功能模块，整合活动推荐系统和社交互动功能，既提升个性化活动推荐的准确性，又增强社区成员间的互动和参与感。接下来，统一(Unify)平台的操作流程，确保从活动发布到报名、资源调配和社区互动的流程无缝衔接，提高平台的协调性和使用便捷性。最后，综合(Synthesize)各项功能，通过用户数据和反馈，优化活动推荐和资源调配系统，持续提升平台的整体效果和个性化体验，确保平台满足多元化的社区需求。为此，可以整合出适用的提示词：

> 设计一个社区活动管理平台，整合社区居民的需求、活动历史数据、资源管理和文化适配，为居民和活动组织者提供全方位的活动组织、管理和推荐服务。
>
> 需求与数据汇聚：居民需求分析+兴趣偏好调查+活动历史数据分析+活动建议优化。
>
> 资源与活动组织：资源管理整合+场地与设备调配+活动安排优化+资源调配。
>
> 文化与社交适配：社区文化适配+社交互动偏好+个性化活动推荐。

3. 思维拓展与创造性思维链设计

思维拓展与创造性思维链设计是一种创新性思维框架，它鼓励通过突破传统的思维模式，拓展问题解决的视野，从不同的角度和领域探寻全新的解决路径，从而激发出多样的创意，为实际问题提供创新性的解决方案。

下面以一个具体示例讲解思维拓展与创造性思维链的设计方法。

任务： 设计一款简单的任务管理应用，该应用不仅需要提供基础的任务创建、提醒和进度追踪功能，还应通过创新的功能设计，提升用户的使用体验。

通过思维拓展与创造性思维链设计，我们可以在基本功能的基础上，加入一些创意元素，推动应用的创新性和用户黏性。在设计过程中，首先，应用需要具备基础的任务管理功能，如任务添加、设置提醒和任务进度跟踪。然而，仅仅依靠这些基础功能，可能无法有效激励用户长期使用，因此我们可以引入任务分享与社交互动功能，让用户能够与朋友、同事分享任务进展，或者组成团队协作完成任务，这样任务管理不仅是个人行为，还能够促进社交互动和团队协作。进一步拓展，平台还可以结合奖励机制，为用户提供完成任务后的奖励，如积分、徽章等，增强用户的成就感和参与度，这些奖励可以根据用户的任务完成情况逐步解锁，激励用户持续使用该应用并保持活跃。此外，为了提升应用的个性化体验，可以结合用户习惯分析，根据用户的日常任务管理模式提供个性化的任务建议，如系统可以根据用户历史上最常做的任务类型和时间安排，智能化地推荐合适的任务模板和日程安排，帮助用户提高工作效率。

通过思维拓展与创造性思维链的设计，这款任务管理应用不仅提供基础的任务管理功能，还通过社交互动、奖励机制和个性化推荐等创新功能，提升了用户体验，使应用更加有趣且具有吸引力。为此，可以整合出适用的提示词：

> 设计一款简单的任务管理应用，通过社交互动、奖励机制和个性化推荐等创新功能，提升用户体验和应用的吸引力。
>
> 任务管理与社交互动：任务创建+提醒功能+任务进度追踪+任务分享与社交互动+团队协作。
>
> 奖励机制与用户激励：任务完成奖励+积分系统+徽章解锁+用户成就感提升。
>
> 个性化体验与习惯分析：用户习惯分析+任务类型推荐+智能日程安排+个性化任务模板。

4. 情感化思维链设计

情感化思维链设计是一种以情感体验为核心的设计框架，旨在通过有意识的情感注入，增强用户对产品、服务或活动的情感联系，提升其使用体验和参与感。通过情感化思维链设计，可以为用户创造温暖、亲密的情感氛围，让他们在互动过程中产生情感共鸣。

下面以一个具体示例讲解情感化思维链的设计方法。

任务： 策划一场家庭团聚活动，目标是通过活动设计增强家庭成员之间的情感联结，让参与者感受到温馨、亲密和团结。

通过情感化思维链设计，我们将在活动的各个环节中注入情感元素，提升参与者的情感体验。确定活动的核心情感目标是温馨、亲密和团聚，通过活动的每个环节，促使家庭成员之间产生深厚的情感联结。根据目标情感，选取相关的情感词汇，如"团聚""家""共享时光""珍贵回忆"等，这些词汇将贯穿活动的宣传、布置和互动环节。规划情感强度的递进：活动开始时，通过温暖的迎接和家庭氛围的布置让参与者感受到温馨；在互动环节，通过分享家庭故事和共做手工等活动促进情感的深化；活动高潮时，通过回顾家庭美好时光的视频或幻灯片，强化归属感和温情。关键环节如迎接、互动和感人回顾时插入情感元素。例如，在活动入场时发放印有"欢迎回家"的卡片，或通过家庭成员之间的小礼物传递关怀。在活动场地布置温馨的家庭照片墙、放置带有家庭元素的装饰、播放温暖的背景音乐等，使环境本身能够增强情感体验。为此，可以整合出适用的提示词：

> 策划一场家庭团聚活动，通过情感化设计和互动，增强参与者之间的情感联结，使活动成为一次充满温馨、亲密和团聚的情感体验。
>
> 情感化设计与情感词汇：温馨设计+家庭氛围+亲密感+团聚时刻+情感话题与交流。
>
> 情感曲线与活动流程：情感强度逐步递增+温暖迎接+互动与分享+情感高潮+感人回顾。
>
> 情感触发与互动设计：情感触发点+温馨迎宾礼+情感分享+家庭故事与礼物互赠+归属感增强。

2.2.6 提示词进阶框架

1. 内省式叙事框架

内省式叙事触发机制是一种帮助创作者在写作过程中进行自我反思的工具，它通过在故事的关键时刻设置特定的反思点，让创作者有机会停下来思考自己在创作中所做的选择，以及这些选择如何影响故事的走向和人物的性格。简而言之，它鼓励创作者在每一个重要的情节转折处，思考"为什么"做出这些决定，而不仅仅是"做了什么"。这种方法让创作过程更具深度和意义。

当创作者写到一个角色做出重要决定的时刻，可以考虑以下提示词作为思考的侧重点。

情感转折符： 如果角色经历了一次情感的大变化，例如失去了亲人或做出了一次背叛行为，系统会提醒创作者思考："这个情节的情感变化是否合理？它如何引发角色的内心冲突？是否帮助塑造人物的深度？"

逻辑校验标： 当故事出现重要转折时，创作者可能会设定角色做出一个意想不到的选择。此时，系统会提示创作者："这一情节选择是否符合故事的整体逻辑？如果这个决定改变，故事的走向会怎样？"这能够帮助创作者确保故事的连贯性和一致性。

伦理质询符： 如果角色面临道德困境，例如选择是否伤害他人，系统会提醒创作者："这个决定是否有伦理上的冲突？它会给读者带来怎样的道德启示或困惑？"这种提醒促使创作者在设计情节时考虑更深层的社会或哲学含义。

通过这种反思机制，创作者不仅是将故事中的事件串联在一起，更是在每个关键时刻进行自我质询，使得故事不仅在表面上吸引人，还能在情感、逻辑和伦理层面上深刻有力。最终，这种方式帮助创作者避免陷入单一的创作路径，而是不断探索不同的可能性，使作品更加丰富、深刻，且具有思想性。

2. 嵌套式创作镜像框架

嵌套式创作镜像框架是一种让创作者从多个层面反思自己作品的创作框架，它鼓励创作者不仅要关注故事表面，还要深入思考每个创作决策的意义、动机和背后的原因。系统通过分层次的结构，把创作过程拆解成不同的"镜像"，让创作者可以逐步审视自己的创作选择，并从更深层次理解自己的创作思路。嵌套式创作镜像框架的三个核心层次如下。

原型叙事层：这是创作的基础层次，创作者在这一层主要构建故事的框架和结构，包括基本的情节安排和人物设定。这一层是"故事的骨架"，创作者在这里为故事奠定基础。

创作解构层：这个层次要求创作者对自己的选择进行回顾和拆解。创作者需要分析在原型叙事层中做出的决策，思考每个情节发展和人物动机背后是否有更深的原因，是否有更好的选择或替代路径。这一层帮助创作者去发现潜在的叙事漏洞或改进空间。

认知反射层：这是最深层的反思，创作者不仅要回顾具体的创作决策，还要评估自己在创作过程中使用的方法是否有效。更进一步，创作者需要思考创作的整体目的和意义。这一层的核心在于"为什么要创作"以及"如何更好地创作"。

为了让创作反思更加灵活和多层次，可以在提示词背景信息中设置深度调节参数，帮助创作者决定每个层次的反思深度。例如：

R=2，适用于简单的创作，可能只是对故事的基本情节做简单的反思和调整。

R=4，增加对故事结构和人物动机的深入分析，探讨每个选择的意义。

R=5，更高的反思深度，开始质疑创作方法本身，探讨创作的哲学和道德含义。

这种层次分明、逐步递进的反思结构，使创作者能够从多个角度审视自己的作品，不仅要讲述一个故事，还能在创作过程中不断解构和重构自己的思维方式。这种深度的反思不仅让故事本身更具内涵，也让创作的过程变得更加丰富和多元。

3. 多声部协奏框架

多声部协奏框架是一种通过角色化交互推动创作的框架，它通过设定多个"创作角色"来分担创作过程中的不同职能。每个角色都有自己独特的任务和思维方式，彼此间通过互动、对话和冲突来影响最终的作品。这种方法不仅可以丰富故事的多样性，还能够提升创作过程的深度与复杂性。模型中的核心角色如下。

造梦者：负责引导创作的直觉性和创意性。在故事创作的过程中，造梦者着眼于故事的情感冲突和创造性构思，推动情节发展和人物情感的表达。每当情节发展到一定段落时，造梦者会停下来进行风格评估，并建议如何进一步增强故事的情感深度。

解构者：专注于对故事的结构进行分析和批评，确保故事的逻辑性和一致性。解构者会从结构和细节入手，提出如何改进情节发展的意见。解构者通常使用工具或模型(如SWOT分析)来评估情节的优缺点，并提出修改建议。

守门人：承担伦理审查的角色，确保故事不会偏离伦理道德的底线。守门人关注故事中可能涉及的敏感内容，审查内容是否符合社会伦理和道德标准。当创作中涉及道德困境时，守门人会发出警告，确保作品中传递的价值观不偏离正轨。

冲突解决协议：当这三个角色在创作过程中意见不一致时，可以启动"创意熔炉"机制，生成三个平行的文本分支，供创作者选择。这一机制通过模拟角色间的冲突和对话，推动创作者从多个角度思考，找到最佳的创作方案。

下面以一个具体示例，讲解多声部协奏框架的使用方法。

在一个反乌托邦的未来世界，AI统治着人类社会。主角是一位人工智能专家，负责修复和升级主导政府系统的核心AI。故事围绕主角的道德抉择展开，他开始质疑AI系统是否应该继续掌控社会，还是应该摧毁系统，让人类重新掌握自己的命运。

在创作过程中，三位角色——造梦者、解构者和守门人，分别提出了不同的创作建议，帮助塑造故事的情节发展。

造梦者建议让主角与AI系统之间发生情感冲突，推动主角对AI的"依赖"加深，并对这种情感产生困惑。造梦者提议，在情节发展中，主角必须面对他对AI的情感和对未来的责任感之间的冲突，从而推动情节的升华。解构者指出情感冲突会导致故事结构的失衡，过多的情感描写可能会削弱故事的逻辑性。解构者提议，情节应更专注于主角的理性冲突——是摧毁AI系统，还是让其继续运作。故事应更加注重AI对社会的统治所带来的实际后果，而非单纯的情感纠葛。守门人警告情感化冲突可能会引发对技术的过度恐惧，担心故事可能加剧AI恐惧症的社会问题。守门人建议，情节应关注道德层面的选择，探讨摧毁AI系统的后果是否会导致人类社会重回混乱与压迫，而不是单纯的"人工智能邪恶"叙事。冲突解决协议下，当三位角色在情节构建中产生意见分歧时，尝试"创意熔炉"机制，生成了三个平行的情节分支。

(1) 造梦者的版本：主角情感冲突加剧，最终决定摧毁AI。

(2) 解构者的版本：主角理性分析后决定保留AI，但引发人类反抗。

(3) 守门人的版本：主角通过一场社会伦理审判，决定让AI自我修复，并增强人类对技术的伦理监督。

创作者可以选择结合三个版本的折中方案：主角在情感冲突和理性分析中找到了一种中立的方式，允许AI继续存在，但它的权力受到人类伦理监管，避免过度依赖技术。

4. 叙事决策森林框架

叙事决策森林框架是一种创新的叙事框架，旨在通过读者的参与来塑造故事的发展。在这一框架下，故事并非单纯由作者一手主导，而是通过设定多个决策节点，允许读者在关键时刻做出选择，从而影响故事的走向。这种方法让故事在呈现过程中具备了生态系统的特性——随着每个读者的选择，故事中的各个"支线"都会产生变化和成长，最终形成一个多样性和互动性强的故事体验。

叙事决策森林框架的核心组成元素如下。

主干情节：这是故事的核心路径，所有读者都会经历的必选部分。它设定了故事的主线发展，决定了故事的基本框架和结构。

知识须根：这些是故事的科普注解支线，提供与故事相关的背景知识或世界观扩展。当读者选择特定的路径时，系统会根据需要引导他们进入这些支线，让他们了解更多的背景信息。

情感气根：这是角色的内心独白支线，展现角色的情感变化、内心矛盾和思考。当读者选择某一条情感发展路线时，系统会提供相应的内心独白，帮助读者更深入地理解角色的心理活动。

伦理菌丝：这是道德困境讨论支线，探讨故事中人物面临的道德问题，以及他们的选择如何引发伦理思考。每当故事中出现伦理抉择时，系统会提供这一支线，探讨选择的利弊和可能的后果。

叙事决策森林框架的具体结构如下。

故事开场：设置故事的开场情境，主角面临重大人生抉择。描述主角的背景、情感状态以及当前的困境，明确主角需要做出决定，这一决定将影响故事的走向和角色的命运。简要阐述情境中的冲突或挑战，激发读者对后续选择的兴趣。

决策点设计：为主角设置三个关键决策点，每个决策点都有两个选项(选项A、选项B)。每个选项代表故事中不同的情节走向，描述选项的潜在后果和可能引发的情感或思想冲突。确保每个决策点紧扣情节发展，并为后续情节的延展提供基础。

决策后果描述：针对每个选项，简要描述每个选择可能导致的结果。分析这些选择如何影响故事的进程、角色的情感和动机，以及环境或社会的变化。考虑短期与长期的后果，并为读者提供清晰的决策指引。每个选择的结果应确保具有内在逻辑，推动情节的发展。

情节延展：无论读者选择哪个选项，都要继续推动故事的发展。根据选项的不同，情节会呈现出不同的方向，但要确保各个路径都能自然而然地引导到下一个决策点或情节转折。每个选择都应具备连贯性，确保故事保持互动性和多样性。

结局展示：根据读者的选择，展示多个可能的结局。每个结局应紧密相关于之前的选择，展示其后果，并提供一个具有情感冲击力的结尾。结局要与读者的决策产生深刻联系，激发读者对选择结果的反思。每个结局应展示选择对角色和社会的影响，呈现故事的哲学或道德含义。

互动性与多样性：确保故事的互动性和多样性，通过多个决策点和支线选择让故事呈现不同的发展路径。每个决策都应使读者的选择具有实际影响，创造一个不断变化和成长的故事世界。随着每个决策的推进，故事的各个层面会逐渐深化，并为读者提供不同的故事视角和情感体验。

下面以一个具体示例，讲解叙事决策森林框架的使用方法。

在一个生态崩溃后的未来世界，人类社会面临着生存危机。地球生态系统的全部功能几乎都已丧失，人类必须面对选择，是利用先进科技来重建生态，还是放弃技术干预，回归自然选择。主角是一个环境科学家，他站在这个艰难的十字路口，面临重大的决策。提示词决策节点和结果如下。

(1) 决策点1

选择A：启动全球生态恢复计划，通过人工智能和基因工程重建生态系统。选择B：采取最小干预政策，保护现有生态系统，不使用科技手段进行干预。

可能结果：选择A，全球生态恢复计划将帮助重建生态系统，但技术干预可能带来不可预见的长期风险，包括生态失衡、物种灭绝或人类对自然的过度依赖；选择B，保护现有生态系统有助于维持自然平衡，但可能导致经济崩溃，社会秩序进一步恶化，资源紧张加剧。

叙述者评论：你是选择冒险，尝试通过科技改变自然，还是保持现状，尊重自然的力量？这两个选择看似对立，但又各有其深远的影响。

(2) 决策点2

选择A：与国际组织联合开展全球合作，分享科技成果，全球共同应对生态危机。选择B：独立行动，拒绝与其他国家合作，专注于本国的生态恢复。

可能结果：选择A，全球合作有助于资源共享和技术普及，但可能导致全球政治和经济压力，涉及利益分配问题，甚至可能引发国际冲突；选择B，独立行动意味着更强的控制权和灵活性，但可能导致被全球孤立，缺乏国际支持和资源。

叙述者评论：你愿意信任全球的合作，还是认为自给自足才是最佳策略？在这个复杂的全球化背景下，每个决策都不简单。

(3) 决策点3

选择A：将技术用于恢复自然生态，创造一个高科技的生态乌托邦。选择B：放弃所有技术干预，回归原始生态，尝试恢复古老的自然秩序。

可能结果：选择A，科技带来的改变可能使人类与自然之间的界限越来越模糊，最终形成一种超越自然的技术生态，但也可能失去自然的纯粹性；选择B，回归原始生态意味着接受人类生存条件的限制，可能面临严重的社会和生态后果，但能够保持与自然的和谐共生。

叙述者评论：选择使用科技让人类主宰自然，还是回归与自然共生的古老方式？两者的哲学深度都不浅。

(4) 结尾

根据读者在三个决策点的选择，故事将展开不同的结局。例如，如果读者倾向于选择科技干预(选择A)，故事可能会以一个未来科技失控的社会为结局，带来对技术过度依赖的深刻反思；如果读者回归自然(选择B)，故事的结局则可能是一个充满挑战和矛盾的生存环境，展现人类与自然不平衡的关系。

2.3　DeepSeek基础指令集

为了更好地利用DeepSeek进行各领域的创作，我们可以根据不同的任务需求，设计专属的基础指令集。本节提供了不同领域的指令集示例，每个领域都根据其特点，设定了任务描述、风格要求、结构要求等指令。

2.3.1　文学创作领域

任务描述：创作一篇故事、诗歌或小说段落，或是进行情节构建。

风格要求：文学性、情感化、富有创造性。

结构要求：完整的故事情节、人物设定、情感发展等。

示例指令如下。

(1) 写一个关于爱情与科技相互交织的短篇小说，情节紧凑，具有哲学性。人物设定应具有复杂的内心冲突，情感逐步展开，语言风格富有诗意。

(2) 请写一个短篇科幻故事，描述人工智能在未来社会中的情感觉醒过程，要求语言富有诗意，人物的内心挣扎应深刻。

(3) 写一首表达孤独感的诗歌，采用自由诗体，语气幽默、略带讽刺。

2.3.2　技术与科学领域

任务描述：撰写关于科学、技术的文章或研究报告，解答某个科学问题。

风格要求：学术性、数据驱动、严谨。

结构要求：引言、方法、结果、讨论等。

示例指令如下。

(1) 给出一份关于AI伦理的研究报告，详细讨论人工智能可能面临的道德困境及其解决方案，采用学术性的表述，包含引言、综述、方法、结果、讨论和总结6个部分。

(2) 撰写一篇关于人工智能在医疗行业应用的研究报告，要求结构分明，分析当前技术应用，讨论未来挑战，并提出可能的解决方案，以严谨的学术要求写作。

2.3.3　商业与营销领域

任务描述：撰写商业计划书、市场分析报告、产品文案等。

风格要求：专业性、说服力、简洁明了。

结构要求：明确的目标、策略、执行计划、预期效果等。

示例指令如下。

(1) 写一份关于智能手环的产品文案，目标人群为年轻消费者，语言应简洁、有力，突出产品的创新性与生活便利性。

(2) 请编写一篇产品营销文案，针对年轻消费者，语言轻松幽默，能够激发购买欲。

2.3.4　教育与培训领域

任务描述：编写课程大纲、教学内容或培训材料，设计教育工具。

风格要求：清晰、引导性强、易于理解。

结构要求：模块化的课程内容、清晰的学习目标和步骤。

示例指令如下。

设计一份关于基础Python编程的在线课程大纲，内容包括基本语法、数据类型、条件语句、循环等，并设计对应的练习和总结。

2.3.5　艺术与设计领域

任务描述：设计创意作品的文案、艺术作品描述、构思。

风格要求：创造性、视觉性、艺术性。

结构要求：清晰的视觉指导和创意解释，融入艺术与设计理念。

示例指令如下。

(1) 请撰写一篇关于未来城市建筑风格的文案，语言应富有想象力，并给出具体的设计元素和视觉效果。

(2) 写一篇关于未来虚拟现实博物馆的创意构思，要求融入科技元素，结合空间设计和互动体验，展现人类文化与技术融合的可能性。

2.3.6　哲学与心理学领域

任务描述：撰写关于哲学思想、心理学理论的文章或分析。

风格要求：深度、思辨性、清晰。

结构要求：论点明确，层次分明，理论支持。

示例指令如下。

撰写一篇关于"人类意识的本质"的哲学论文，分析"意识"这一概念的哲学定义，探讨意识在日常生活中的作用和意义。

2.4　文件处理

随着数据量的激增和信息处理的复杂化，人工智能在文件处理领域的应用变得越来越重要。DeepSeek具备强大的文件处理能力，能够帮助用户高效地上传和分析各种文件。无论是文本文档、表格数据，还是更复杂的图片文件，DeepSeek都能够精准地提取信息并进行智能分析。本节将详细介绍如何上传文件至DeepSeek，并利用其进行数据读取和深入分析的操作步骤。

2.4.1　上传文件进行数据读取与分析

在现代数据驱动环境中，能够高效、准确地处理大量数据是至关重要的。DeepSeek提供了一套强大的文件处理功能，支持多种文件格式的上传，并自动进行分析。本节将详细介绍如何使用DeepSeek上传文件，进行数据读取和分析，从而快速获取信息，为进一步的处理奠定基础。

1. 文件上传流程

用户需要通过DeepSeek平台的文件上传功能，将文件提交给系统。DeepSeek支持多种常见的文件格式，如文本文件(.txt、.docx)、电子表格(.xls、.csv)、PDF文件、图像文件(.png、.jpg)等。上传文件的步骤如下，效果如图2-15所示。

图2-15

1 在DeepSeek控制台中，单击"上传附件"按钮。

2 选择文件。

3 输入提示词，对文件进行分析。

2. 数据读取

上传文件后，DeepSeek能够从中提取关键信息，并对其进行初步处理。对于电子表格文件(如.xls或.csv)，系统会自动识别其中的表格数据并将其转换为可以进行操作的数据结构，如数据框(DataFrame)。对于文本文件(如.txt、.docx)和PDF文件，DeepSeek会提取文本内容，为后续的分析提供基础。

文本提取：系统会分析文件的内容，识别并提取其中的关键数据。例如，从文档中提取标题、段落、表格或图像说明。

数据清洗：在处理表格数据时，DeepSeek会自动清洗数据，包括去除空值、重复数据和格式不一致的条目，以确保分析结果的准确性。

3. 数据分析

一旦数据被成功读取并清洗，用户可以利用DeepSeek进行进一步分析。例如，用户可以指示AI "将人口统计变量合并为一个完整的表格"，结果如图2-16所示。

人口统计变量汇总表

名称	选项	频数	百分比(%)	累计百分比(%)
性别	男	133	52.78	52.78
	女	119	47.22	100.00
教育水平	本科生	160	63.49	63.49
	硕士生	56	22.22	85.71
	博士生	36	14.29	100.00
专业	环境设计	39	15.48	15.48
	工业产品设计	56	22.22	37.70
	数字媒体艺术	70	27.78	65.48
	视觉传达设计	51	20.24	85.71
	服装设计	36	14.29	100.00
总数		252	100.0	100.0

统计说明：

1. **性别**：男性占比52.78%，女性占比47.22%。
2. **教育水平**：本科生为主(63.49%)，硕士生次之(22.22%)。
3. **专业分布**：数字媒体艺术占比最高(27.78%)，服装设计占比最低(14.29%)。
4. **数据完整性**：所有变量均覆盖100%样本(N=252)，无缺失值。

图2-16

2.4.2　多文件联合分析

在研究工作中，尤其是学术研究或数据分析领域，常常需要整合不同来源的数据或文献。这种情况下，单一文件的分析往往无法全面地反映问题的全貌。为了帮助用户更有效地整合和分析多个文件中的信息，DeepSeek提供了强大的多文件联合分析功能。本节将介绍如何利用DeepSeek上传多个文件进行联合分析，特别是如何结合不同学术论文中的数据和结论，来获得更加全面的研究视角。

1. 上传多个文件并进行分析

对于学术研究来说，用户可能需要分析多篇关于同一领域的论文。用户可在DeepSeek中上传多个文件，系统后台会自动识别和整理这些文件中的关键信息，并对其进行统一处理。上传文件后，系统会对每个文件进行数据提取，识别文献中的重要内容，如研究目标、方法、结论等。此过程不仅限于文本数据的提取，还可以涵盖图表、数据集等信息的整合。

例如，用户上传了三篇关于生成式人工智能(GAI)的论文，其中一篇专注于应用场景，另一篇讨论技术实现，第三篇则分析其社会影响与伦理问题。DeepSeek会自动从这些论文中提取出相关数据，并对其进行分类整理，帮助用户对比各项研究中的共同点和差异。

2. 联合分析与综合评估

当多个文件被上传并整理后，DeepSeek将进入联合分析阶段。通过集成不同文件中的信息，系统能够识别出其中的共同主题、研究方法和结论。例如，如果三篇论文都涉及生成式AI的应用场景，DeepSeek会自动将这些应用进行归类和对比，帮助用户发现不同文献中关于应用的异同。此外，系统还会分析论文中的情感倾向，帮助用户了解各篇文献对某一技术或问题的态度。

DeepSeek使用主题建模和情感分析技术，提取文献中的核心内容，并将这些内容进行对比和聚类。通过这些分析，用户可以更清楚地了解当前研究的趋势、技术的成熟度，以及可能存在的争议。例如，在分析技术实现时，系统会展示不同文献中采用的算法和模型，并评估其创新性和实用性。对于涉及伦理问题的文献，DeepSeek则能提取出各篇论文对AI伦理的不同看法，并通过情感分析揭示出这些看法是积极、谨慎，还是负面的。

3. 数据可视化与报告生成

完成联合分析后，DeepSeek将生成多种可视化结果，帮助用户更直观地理解各类文献之间的关系和差异。还可以显示出它们在研究目的、研究方法、结果、期刊等方面的对比。

尝试输入如下提示词，结果如图2-17所示。

图2-17

请仔细阅读2个上传文献，对数据分析方法进行对比，并以表格形式呈现。对比2篇文献中所采用的研究方法。评估其数据采集、分析工具和技术的选择。

2.5　本章小结

在本章中，我们介绍了DeepSeek的基础使用方法，以及如何通过提示词工程与AI进行有效的互动。

首先，我们讨论了如何访问DeepSeek的两种方式，并详细讲解了AI控制台的界面布局及功能，使用户能够快速上手。随后，我们进一步探讨了与AI进行对话的基本方式，帮助用户掌握与DeepSeek建立有效交流的技巧。然后，我们进入了提示词工程的核心部分，介绍了如何提出有效问题，这对于获取高质量的AI回应至关重要。我们还分析了任务需求和提示词的解构，帮助用户理解如何根据任务目标构建精准的提示词。通过学习提示词思维链和思维链设计策略，用户能够掌握设计多层次、递进性强的提示语，以提升AI输出的深度和广度。接着，我们详细介绍了提示词进阶框架，它能够帮助用户在更高层次上引导AI进行更复杂、更精细的思考和创作。最后，我们了解了DeepSeek基础指令集，还探讨了文件处理的操作方法，用户能够通过上传文件进行数据读取与分析，甚至实现多文件联合分析，为实际工作中的数据处理任务提供了有力的支持。

通过本章的学习，用户将能够熟练使用DeepSeek平台，设计有效的提示词，并能够结合实际需求进行文件和数据分析，进一步提升工作效率。

2.6　课后练习

> 练习1：DeepSeek基础指令集应用

请根据创作需求，设计一组提示词，确保能够有效引导AI生成高质量的文本。

至少选择两个不同领域的任务，并分别设计合适的提示词。

使用DeepSeek平台进行实验，记录生成的结果，并分析结果与预期的差异。

> 练习2：文件处理与复杂任务

上传一份包含数据分析任务的文件，使用DeepSeek进行数据读取和分析。

结合上传的文件内容，设计一个多文件联合分析的任务，并使用DeepSeek完成数据处理。

比较不同文件处理方法的效果，思考哪种方法更能满足需求，并总结改进建议。

> 练习3：提示词解构与思维链设计

选择一个复杂的创作任务，尝试解构提示词并设计提示词思维链。

在设计时，考虑如何通过递进的步骤引导AI一步步展开深层次的思考。例如，在设计一个哲学主题的文章时，如何通过多个提示词引导AI逐步探索不同的观点，并最终得出结论。

第3章
DeepSeek你的文案写作灵感源泉

随着生成式人工智能技术的迅猛发展与不断进步，DeepSeek已经崭露头角，成为文案创作领域不可或缺的重要工具。它为营销和传播活动提供了高效、智能且便捷的支持，极大地提升了文案创作的效率和质量。

本章将详细阐述如何巧妙地将DeepSeek与AI技术相结合，进行文案创作的新探索。同时，分析提示词思维链在实践中的具体应用，以及它如何助力创作者全面提升工作效率和创作质量。通过本章的学习，读者将能够更深入地理解DeepSeek和AI技术在文案创作中的独特优势，并掌握如何利用这些技术来优化文案创作流程，从而提升内容质量，增强传播效果，为营销和传播活动注入新的活力。

3.1 文案创作的提示词设计

在文案创作的过程中，提示词不仅是创作者与DeepSeek互动的桥梁，更是决定创作质量的关键。本节将深入分析文案创作的核心要素，并探讨如何通过精心设计提示词，激发DeepSeek的创作潜力。

3.1.1 文案创作的核心要素

文案创作是营销和传播中的关键环节，无论是在广告、社交媒体内容还是品牌推广中，高效的文案不仅能够传递品牌信息，还能激发目标受众的兴趣并推动他们采取行动。结合现代技术工具，尤其是DeepSeek的AI能力，能够优化文案创作过程和结果，提升创作效率和效果。

在文案创作的过程中，有几个核心要素至关重要，包括目标受众、情感诉求、语言风格等，通过理解并巧妙运用这些要素，可以显著提升文案的传播效果。

1. 目标受众

在文案创作的核心要素中，了解目标受众是最基础也是最重要的一步。目标受众的特征直接影响文案的语言风格、情感诉求和传播方式。通过分析受众的兴趣、心理需求和行为习惯，创作者可以设计出更符合其需求的文案内容。

借助DeepSeek，创作者可以通过深度思考(R1)和联网搜索功能，快速获取目标受众的行为数据和兴趣趋势，从而更精准地把握他们的心理需求。

2. 情感诉求

优秀的文案不仅要传递信息，更要引发受众的情感共鸣。从而有效激发受众的兴趣和购买动机。情感诉求的设计可通过多种方式实现，如通过精心设计的故事情节、富有感染力的语言，以及采用具有吸引力的视觉元素，来打动受众。

DeepSeek能够通过其强大的情感分析和意图识别功能，帮助创作者精准把握不同情境下受众的情感诉求。DeepSeek的情感分析工具能够从大量的用户评论、社交媒体数据和搜索历史中提取情感信息，进而帮助创作者了解受众在不同场景下的情感状态。例如，AI可以分析消费者在做出购买决策时的情感驱动因素(如焦虑、满足、兴奋等)，从而在文案中巧妙地融入与这些情感相关的元素，推动受众采取行动。此背景下，常用的提示词类型如下所示。

▶ 情感驱动的购买决策提示词

通过激发焦虑和满足感的语言，引导用户意识到他们在购买时的紧迫感。结合深度分析用户的情感状态，强调当前优惠或产品特性如何解决他们的痛点，推动用户做出购买决策。

> 激发焦虑的语言，能够使用户产生紧迫感。例如："时间正在迅速流逝，每一刻的犹豫都可能导致机会的错失。"
>
> 激发满足感的语言，能够为用户带来安心与宽慰。例如："它不仅能够提升生活品质，更让您在朋友间成为焦点，收获无数羡慕的目光。"

▶ 满足受众渴望的情感需求提示词

使用富有感召力的语言，传达产品如何满足用户的某种需求，激发他们内心深处的渴求。用温暖而贴心的语气，帮助他们想象拥有产品后生活的改善，创造情感上的共鸣。

> 使用富有感召力的语言，激发用户的渴望。例如："选择它，就是选择了一个更加舒适、更加美好的家。"
>
> 温暖而贴心的语气，能够触动人心。例如："它就像一位贴心的朋友，时刻陪伴在你身边，为你带来最真挚的关怀。"

▶ 兴奋与期待感的激发提示词

通过富有感染力的描述，唤起用户对未来的期待，激励他们迈出行动的第一步。用积极的语言激励用户，传递一种立即体验、享受变化的情感动机，激发他们快速参与或购买的欲望。

> 富有感染力的描述，能够唤起用户对未来的期待。例如："未来的日子里，你的每一步都充满力量与激情。"
>
> 用积极的语言激励用户，使其乐于尝试和体验。例如："现在就行动起来，让改变从这一刻开始，让你的生活因它而不同。"

3. 语言风格和语气

文案的语言风格和语气直接影响受众对文案的接受度和认同感。不同的品牌和受众群体对语言风格和语气的要求不同，文案的语言应根据这些特点进行调整。语言风格体现品牌个性，而语气则有助于增强文案的情感感染力。

通过DeepSeek，创作者可以借助 AI 技术深入分析品牌定位与受众需求，从而优化文案的语言风格。例如，DeepSeek能够通过分析不同品牌历史文案的成功与失败案例，帮助创作者提炼出最适合品牌的语言风格和表达方式。此外，针对不同的受众群体，DeepSeek可以通过对大量数据的分析，识别他们偏好的语气类型，从而帮助创作者在文案中采用最合适的语气，如温和、激励、鼓舞或紧迫等。

DeepSeek的推理模型还能够帮助创作者在不同的传播平台上调整语言风格。例如，针对微博平台的年轻用户群体，DeepSeek可以分析热门话题和流行语，生成符合年轻人喜好的幽默、俏皮的语言。而对于企业品牌的正式文案，DeepSeek则可以建议使用更加正式和专业的语言，确保文案的严谨性和权威性。常见的语言风格提示词如下。

▶ 专业权威的语言风格

专业权威的语言，用于增强文案的专业性和权威感，常见于企业、科技产品或需要展现高信任度的品牌宣传中。语言直接、清晰、简洁，通常没有太多情感化表达，注重信息的传递和有效性。

> 采用简洁、专业的语言，确保文案表达准确。例如："产品专为高效解决用户需求而设计，无论是日常办公还是专业应用，它都能满足需求，提升工作效率。"
>
> 使用正式、严谨的语言向受众提供专业知识或技术信息。例如："产品融合最新科研成果与专利技术，经过严格的测试与优化，确保在复杂多变的应用环境中表现出色。"

> ▶ 幽默与俏皮的语言风格

通过幽默与俏皮的语言，引导AI生成符合年轻受众偏好的幽默风格和俏皮语气，增加文案的趣味性和吸引力。

> 运用轻松、俏皮的语言，通过活泼的表述让文案更有趣。例如："如果你认为这个功能太牛了，等你试试它的下一招，你会震惊！"
>
> 加入俏皮的语言，直接与受众对话，让他们感受到文案的亲切感和幽默感。例如："就算你对技术不懂，也能轻松使用，我们让它变得像玩游戏一样简单！"
>
> 用幽默的措辞轻松化复杂的内容，加入一些有趣的比喻或俚语，增加文案的趣味性。例如："把这些功能比作超级英雄，它们每一个都能帮你打败生活中的小麻烦！"

4. 清晰的价值主张

文案创作的核心之一是清晰地传达品牌或产品的价值主张，不仅要让受众知道产品或服务的优势，还要帮助他们理解为什么这些优势对他们来说至关重要。通过精准的价值主张，文案能够帮助受众做出购买决策或采取其他行动。

DeepSeek可以通过数据分析，推荐最有效的表达方式。例如，在文案中突出显示"超长续航"和"高清拍照"等产品优势时，DeepSeek可以通过对目标受众的消费数据分析，判断哪些特点更具吸引力，确保文案中价值主张的清晰表达。

5. 呼吁行动

每篇文案的最终目标是促使受众采取某种行动，例如购买、点击、关注等。因此，文案中必须有一个清晰而有力的呼吁行动(CTA)。一个有效的CTA不仅要明确，还需要具备一定的紧迫感，促使受众尽快做出反应。

DeepSeek的深度学习和预测能力，可以帮助创作者优化呼吁行动的设计，通过分析历史文案的成功案例和受众的反馈，预测哪些类型的CTA更可能引发受众的行动。例如，AI可以通过情感分析工具识别出哪种语言能够激发受众的紧迫感，例如"限时抢购"或"立即订阅"，从而帮助文案创作者设计出更具吸引力的CTA。

此外，DeepSeek的多模态能力也能帮助创作者优化CTA的呈现方式。在社交媒体或广告视频中，AI可以通过视觉元素的整合来强化呼吁行动的效果。例如，通过动态按钮、倒计时等方式增加受众对CTA的关注度。

> ▶ 紧迫感型呼吁行动

紧迫感型呼吁行动通常用于提高转化率，并激发受众迅速采取行动。这种紧迫感和稀缺性，使受众感到如果不立即行动，就会错失良机。

> 生成带有紧迫感的CTA，提醒受众优惠即将结束。例如："限时抢购""最后机会""马上行动"等词语。
>
> 设计一个以时间为因素的紧迫感CTA。例如："仅限今天""倒计时""库存紧张"等，促使受众迅速采取行动。
>
> 生成促使受众快速购买的CTA。例如：强调"马上购买"或"最后几小时"，并提出诱人的优惠条件。

▶ 激励型呼吁行动

激励型呼吁行动侧重于通过激励性语言，让受众感到采取行动是对他们有利的。这种类型的文案通常更加温和，但依然有强烈的鼓励性，引导受众进行互动或购买。

为文案生成激励性质的CTA。例如："立即享受""专属优惠""立即参与"等语言，鼓励受众加入行动。

设计一个基于激励语言的CTA。例如：使用"马上体验""解锁独家优惠"等，激发受众的参与热情。

生成通过奖励或附加价值吸引用户参与的CTA。例如：使用"马上点击""抢先体验"等激励性词语。

▶ 互动引导型呼吁行动

互动引导型呼吁行动专注于激发受众的参与和互动，常用于社交平台的文案中。语言生动、轻松、富有娱乐性，目的是吸引受众立即进行互动(如评论、分享或点击)。

使用轻松、幽默的语言引导受众参与互动，增加内容的趣味性和分享性。例如："你也遇到过类似的困扰吗？快在评论里告诉我们你的故事吧！"

鼓励读者参与、转发、评论或采取行动，语言轻松且具有号召力。例如："分享给你的朋友，一起体验这个超酷的功能！"

通过引导性语言增加互动性，使用询问或挑战的方式促使受众回应。例如："你敢挑战这个任务吗？快来试试！"

文案创作的核心要素是影响传播效果的关键。结合DeepSeek技术，创作者能够更加精准地分析目标受众的需求、优化情感诉求、调整语言风格、提炼清晰的价值主张，并设计出更加高效的呼吁行动。DeepSeek的智能化工具不仅提高了文案创作的效率，也确保了文案内容更加精准、具备强大的传播力和转化力。

3.1.2 文案的传播框架与方式

文案的传播框架与方式是确保信息有效传达并引发受众关注的关键。在如今多元化的传播环境中，仅有引人注目的文案内容是不够的，如何选择合适的传播框架和方式，以确保信息的广泛传播和高效到达受众，是文案创作成功的关键。通过精心设计的传播框架和策略，文案可以在不同渠道和平台中获得更大的传播效果。DeepSeek的深度分析和多模态能力能够帮助创作者优化文案传播的每一个环节，确保文案内容能够触及目标受众并实现预期效果。创作者需要考虑以下传播框架，确保文案发挥最大效果。

1. 热点借力

热点借力是一种有效的内容传播策略，它借助热点话题，能够迅速提高文案的曝光率和互动量。采用这种方法，设定热点选择标准，如话题热度、受众契合度等至关重要。

DeepSeek能够分析当前热点，帮助创作者筛选最具传播潜力的话题。常用提示词如下。

分析当前的热搜话题，筛选出我擅长的内容[前置信息]与目标受众契合度高的热点。

2. 角度创新

角度创新是指在编写文案时，避免简单地跟随热点，而是通过差异化的视角切入，避免同质化的表达方式，增加文案的独特性和吸引力。常用提示词如下。

根据现有热点提供不同的切入点，设计差异化的表达，增加内容的独特性。

通过分析竞争者的内容，提出反直觉的观点或角度，让文案在热点中脱颖而出。

3. 时机把握

确定热点话题的最佳发布时机，抓住热点的流量高峰期进行文案发布，以最大化传播效果。常用提示词如下。

预测热点的发展趋势，分析并确定热点话题的最佳发布时机(列出话题的生命周期)，并分析后续的发展方向。

4. 内容节奏

内容节奏涉及文案的发布频率、评论引导、转发激励等因素。这些设计不仅影响受众的参与度，还决定了文案的传播速度和互动效果。在此过程中，需要激发用户参与互动话题，鼓励受众发表意见和评论。通过深度情感分析，创作者可以设计出更具引导性的话题，增加讨论量。常用提示词如下。

分析评论趋势，设计能够引发受众表达的互动问题。

5. 转发激励

通过设计恰当的悬念或实施吸引人的奖品机制，能够有效提升用户的分享意愿。悬念能够激发用户的好奇心，促使他们主动探寻并分享内容；而福利机制则直接激励用户进行转发，从而扩大内容的传播范围。关键在于确保悬念和福利机制都足够吸引人。常用提示词如下。

通过设计福利机制或限时活动，激励用户转发内容。例如，"转发此文，即可参与抽奖"。

通过设计具有吸引力的悬念或预告，促使用户将内容转发给朋友。

6. 发布频率与内容分类

发布频率和内容分类直接影响文案的传播效果，创作者应根据目标受众的活跃度和平台的传播特点，制定合理的发布频率和内容分类，确保文案在受众活跃时段发布，同时避免发布频率过高或过低。常用提示词如下。

根据对粉丝活跃度的分析，设定每日、每周的发布频率。

确定最佳的内容发布时间点，使内容能够在粉丝活跃时段发布，确保传播最大化。

3.1.3 提示词思维链在文案创作中的应用

在文案创作的过程中，提示词不仅是创作者与DeepSeek互动的桥梁，还决定了创作的效率和质量。通过精心设计提示词思维链，可以有效激发DeepSeek的创作潜力，帮助用户生成更具创意、精确且高效的文案内容。文案创作常涉及不同类型的内容需求，如品牌推广、产品销售、活动宣传等，而提示词思维链的设计可以为这些需求提供精准的内容生成框架。

1. 提示词思维链的核心作用

提示词思维链的设计核心在于精准对接创作者的需求与DeepSeek的智能能力，确保AI在内容生成过程中准确理解创作意图。通过构建层次分明、逻辑清晰的提示词思维链，创作者不仅能获得高质量的文案内容，还能确保文案的情感传达、语言风格及传播效果都符合预期。

例如，在品牌推广文案创作中，创作者可以通过设置以下提示词思维链，引导DeepSeek从多个维度生成文案。

目标明确：确定创作目的，如增加品牌曝光、提高购买转化等。

情感共鸣：根据目标受众的情感需求设计情感驱动的提示词，引发受众的情感共鸣。

语言风格调整：根据品牌定位和受众群体调整语言风格，如正式或幽默的语言。

传播策略设计：确定文案的传播方式、时机和渠道，增强文案的传播力。

通过这种方式，提示词思维链能够帮助创作者设定清晰的创作目标，同时为DeepSeek 提供明确的执行路径。

2. 提示词思维链在不同类型文案创作中的应用

在实际创作中，不同的文案目标和需求会涉及不同的提示词思维链设计。以下是几个常见的文案创作案例，结合提示词思维链进行实际应用。

产品推广文案

产品推广文案的核心目的，是通过有效的文案传达产品的优势，激发用户的购买欲望。通过提示词思维链，DeepSeek可以帮助创作者精准提炼产品卖点，并以吸引人的方式呈现。具体的提示词思维链设计流程如下，应用示例如图3-1所示。

生成一个关于智能家居设备的推广文案，文案突出了设备的便捷性和智能化特点，通过促销活动来激发用户购买的欲望。

已深度思考（用时 33 秒）

好的，用户需要生成一个关于智能家居设备的推广文案，重点突出设备的便捷性和智能化特点，并且通过促销活动来刺激购买欲望。首先，我需要确定用户的目标是什么。他们可能是一家智能家居公司，希望通过促销活动提升销量，或者可能是电商平台在特定季节（比如节日）进行推广。用户没有明确说明产品类型，但智能家居设备有很多种，比如智能音箱、智能灯泡、智能门锁等，可能需要保持通用性，或者假设几种常见产品。

接下来，用户希望突出便捷性和智能化。便捷性可能包括远程控制、语音助手集成、自动化场景等；智能化可能包括AI学习用户习惯、与其他设备的互联互通、节能高效等。促销活动部分需要设计吸引人的优惠，比如限时折扣、赠品、捆绑销售等，同时营造紧迫感，比如限时抢购、库存有限。

然后要考虑目标受众。智能家居的潜在用户可能是科技爱好者、忙碌的上班族、家庭主妇/主夫，或者注重生活品质的中产家庭。不同群体的关注点不同，比如家庭用户可能更注重安全和节能，而年轻人可能更在意便捷和科技感。文案需要兼顾不同群体的需求，或者选择一个主要受众。

另外，文案的结构也很重要。通常开头需要吸引注意力，可以用疑问句或者痛点描述；中间部分详细介绍产品功能和优势，使用具体的场景描述；促销活动部分要明确优惠内容和时间限制，结尾呼吁行动，比如点击购买、立即参与等。

需要注意避免使用过于技术化的术语，保持语言通俗易懂，同时传达专业感。情感因素也很重要，比如强调提升生活质量、节省时间、安全放心等。可能还需要考虑SEO优化，加入关键词，但用户没有特别提到，所以可能不需要。

需要检查有没有遗漏用户的需求。用户提到促销活动激发购买欲，所以促销部分必须足够吸引人，比如折扣力度、赠品价值、限时性等。同时，确保文案整体流畅，有逻辑性，从问题到解决方案再到促销激励。

最后，可能需要调整语气，使其积极向上，充满活力，符合科技产品的调性。使用感叹号、行动号召词汇，比如"立即抢购"、"限时优惠"等，增强紧迫感。

标题：

「智享生活，焕新家」—— 智能家居狂欢季，限时抢购开启！

正文：

还在为繁琐的家务烦恼？想一键解锁未来生活？

【XX智能家居旗舰系列】 全面升级，用科技重塑你的生活仪式感！

✨ **核心亮点：解放双手，智控全屋** ✨

✅ **一秒响应，全屋互联**

- 语音/APP远程操控：开灯、调温、扫地……动动嘴或手机，家电听你指挥！
- 智能场景模式：回家自动开灯播音乐，睡眠模式一键熄灯关窗帘，生活节奏由你定义。

✅ **AI学习，越用越懂你**

- 智能温控系统：根据习惯自动调节室温，节能又舒适；
- 安全管家24小时在线：门窗异常即时报警，危险气体监测，安全感拉满。

✅ **极简美学，适配任何家居风格**

- 隐藏式设计+高端材质，科技感与颜值并存，让家高级感飙升！

🔥 **限时狂欢，抄底福利** 🔥

⏰ **即日起至X月X日，下单即享：**

1️⃣ **直降30%**：爆款智能音箱/摄像头/门锁，历史最低价！

2️⃣ **满赠豪礼**：满999元送价值299元智能灯泡套装，满1999元加赠AI音箱！

3️⃣ **3期免息**：轻松拥有未来生活，0压力升级！

4️⃣ **会员专属**：注册即领100元无门槛券，老用户叠加抽奖赢全年免费保修！

🎯 **行动号召：**

「早买早享受，优惠倒计时！」

👉 **立即点击抢购**：[链接]

📞 咨询热线：XXX-XXXX-XXXX

（库存告急，手慢无！）

尾注：

XX智能家居，全球超500万家庭的选择，欧盟隐私认证+2年质保，放心购！

#智能生活 #黑科技 #限时特惠 #懒人福音

文案核心策略：

1. **痛点切入+场景化体验**：用反问句唤醒需求，通过具体场景（回家、睡眠）让用户感知价值。
2. **促销紧迫感**：限时、满赠、免息多维度刺激，结合"库存告急"强化决策速度。
3. **信任背书**：销量数据、国际认证、质保承诺，消除购买疑虑。
4. **视觉化标签**：Emoji分段+关键词标签，适配社交媒体传播，提升点击率。

图3-1

创建一个以环保为核心价值的品牌宣传文案，文案通过讲述品牌如何推动绿色环保来提升品牌形象，同时强调其对社会责任的承担。

> ✦ 已深度思考（用时24秒）∧

嗯，用户让我创建一个以环保为核心价值的品牌宣传文案，还要突出品牌如何推动绿色环保来提升品牌形象，并强调社会责任。首先，我需要确定品牌的具体行业，但用户没提到，可能需要的通用。不过，可能用户心里有某个行业，比如服装、家居或食品等。不过既然没明说，我得保持灵活性，使用更加通用的内容。

接下来，用户需要的是宣传文案，不是广告语或者标语，所以可能需要一个结构完整、有情感共鸣的文案。环保为核心价值，强调品牌如何在环保方面做出的具体行动，比如可持续材料、减少碳排放、循环经济等。同时要传达品牌的社会责任感，可能需要展示品牌回馈社会、参与公益活动等方式。

用户可能希望文案既有情感又有深度，既有激励性又能引起共鸣。需要注意的是，比如如何讲"我们"和"你"与"环保"而没有具体措施，需要具体化，比如提到回收的某个材料，或多少碳排放，这样更有说服力。

还要考虑目标受众是谁？可能是环保意识强的消费者，或者企业客户。文案的语气应该带积极、鼓舞人心，同时真诚、避免说教或居高临下。需要激发读者的长期参与，而不仅仅是即时购买。

可能还分几个部分：开头引起共鸣，中间讲述品牌的具体行动，结尾呼吁行动或展望未来。使用生动的比喻，比如地球不是一次性的，这种容易让人记住。加入品牌故事的叙述，比如"让每一次选择都成为对地球的温柔回应"，既有情感又点明核心。

还要注意一些关键词的使用，比如"可持续""循环经济""零废弃""碳中和"等，这些术语能增加专业性。同时，强调与消费者共同成长，让消费者觉得他们的选择有意义，增强品牌忠诚度。

可能的结构：标题、引言、环保承诺、具体措施、社会责任、未来愿景、行动呼吁。需要检查是否每个环节的逻辑流程和社会责任感。可能需要加入实际案例或数据，但没有具体数据，可以用"每件产品的使用减少x%"这样的内容，但要注意这些是假设性的，避免误导。或者保持概括性，让读者自行想象。同时确保文案符合品牌的价值观，即环保与社会责任的结合，避免陷入空洞的口号。最后，检查语气是否合适，确保既有鼓舞人心的又不失真诚，符合品牌宣传的目的。

品牌名称：绿途GreenTrace——为地球留下可持续的足迹

【标题】
"每一次选择，都是对未来的温柔投票"

【引言】
地球不是一次性的，文明不该留下伤疤。
在环境危机与消费主义的裂缝中，绿途GreenTrace选择了一条更艰难却更值得的路——
我们不做环保的旁观者，而是成为绿色革命的行动者。

【环保承诺：从理念到实践】
■ 源头革新：让材料"重生"
每一件产品都承载着我们对自然的敬意：
√ 100%可降解包装，用植物纤维替代塑料；
√ 生产废料闭环回收，让"垃圾"成为下一季的原料；
√ 供应链全程碳追踪，承诺2030年实现全链路碳中和。

■ 用户共创：让消费成为环保接力
购买即行动：每售出一件商品，我们将在沙漠化地区种下一棵固沙植物，用户可通过专属二维码见证成长轨迹；
旧物回收计划：以旧换新补贴+旧物改造工坊，让资源永续流动。

■ 透明革命：撕掉"绿色伪装"
我们公开每件产品的环境成本：
→ 节省了多少升水？
→ 减少了多少公斤碳排放？
→ 支持了哪个社区的可持续发展？

【社会责任：超越商业的价值链】
"环保不是孤岛，而是万物的共生。"
√ 与偏远地区女性合作社合作，用传统手工艺赋予废弃物新生，让环保成为减贫引擎；
√ 发起"绿色教育实验室"，为10万青少年提供免费生态课程；
√ 联合全球环保组织，用年利润的20%守护濒危物种栖息地。

【品牌宣言】
我们坚信：
真正的可持续，不是标榜口号，而是重塑规则；
不是牺牲体验，而是创造更高级的美好消费。
绿途GreenTrace，让每一次选择都成为对地球的温柔回应。

【行动号召】
加入#痕迹重塑计划#：
从今天起，您的购物车可以成为改变世界的选项。
与其虚构地球的未来，不如成为未来的答案。

【尾标】
绿途GreenTrace
——为明天，留痕迹

文案亮点

1. 情绪共振：用"温柔投票""温柔回应"等词汇软化环保议题的沉重感。
2. 数据可视化：将抽象环保行动转化为可感知的数字承诺。
3. 责任闭环：通过用户参与机制，将品牌责任延伸为消费者共同成就。
4. 差异化价值：强调"透明革命"与"社会价值链"，规避同质化环保营销。

图3-2

生成一个关于智能家居设备的推广文案，文案突出了设备的便捷性和智能化特点，通过促销活动来激发用户购买的欲望。

目标定义：生成一篇推动消费者购买的产品推广文案，目标是提升产品知名度并提高购买转化率。

情感驱动：运用满足用户需求的情感语言，强调产品能带来的实际效益，例如提升生活质量、解决日常痛点等。

卖点突出：重点突出产品的独特优势，例如"超长续航""高清画质"等，利用简洁、清晰的语言表达。

语气设计：使用激励性语气，增强紧迫感，设计"限时抢购"或"最后机会"等促销词汇。

▶ 品牌宣传文案

品牌宣传文案侧重于提升品牌形象和认知度，传递品牌的价值观和理念。DeepSeek能够通过提示词思维链帮助创作者设计出符合品牌个性、塑造品牌形象的内容。具体的提示词思维链设计流程如下，应用示例如图3-2所示。

创建一个以环保为核心价值的品牌宣传文案，文案通过讲述品牌如何推动绿色环保来提升品牌形象，同时强调其对社会责任的承担。

目标定义：生成一篇提升品牌认知度的品牌宣传文案，目标是加深受众对品牌理念的认同。

情感驱动：通过故事情节或情感化语言，展现品牌如何为社会或客户带来价值，建立与受众的情感连接。

品牌理念：突出品牌的核心价值观，如创新、环保或社会责任感，确保品牌调性统一。

语气设计：采用温暖、鼓舞的语气，增强品牌的亲和力和受众的信任感。

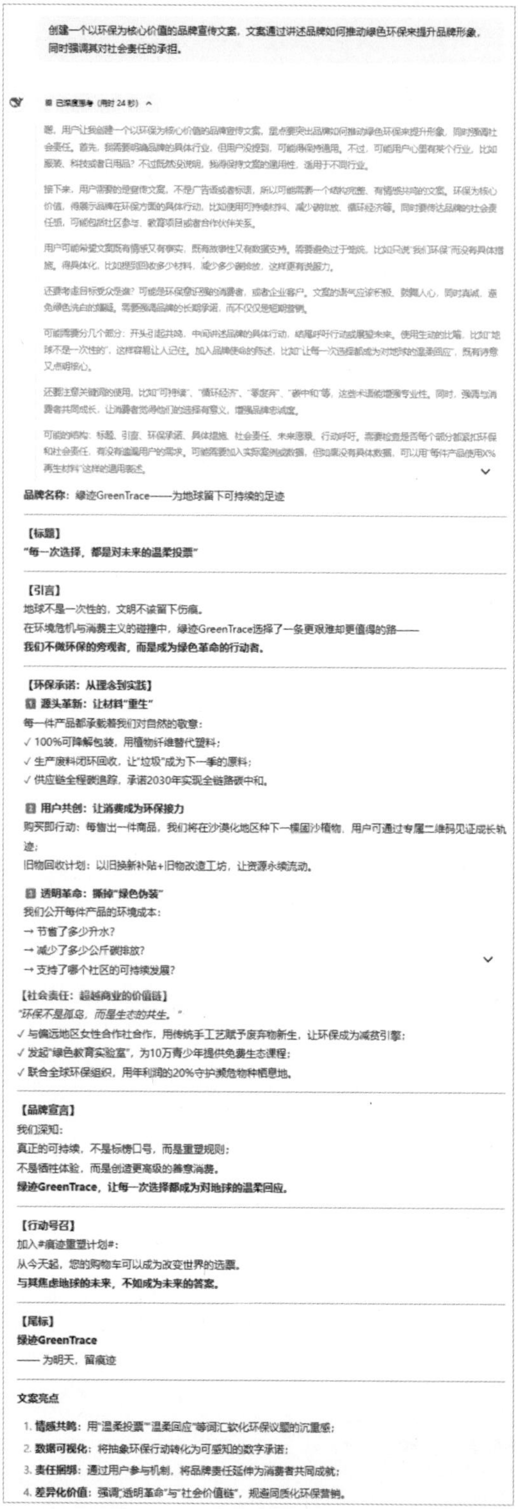

社交平台互动文案

社交平台互动文案的目的，是激发受众的参与感和互动性，增加文案的转发量、评论量等社交传播指标。通过设置互动引导的提示词，DeepSeek可以帮助创作者设计出引发讨论、鼓励分享的文案内容。具体的提示词思维链设计流程如下，应用示例如图3-3所示。

> 在快手上发布一个围绕最新科技产品的互动图文，通过问题引导受众讨论该产品的优势，同时设计转发奖励机制来增加传播效果。
>
> 目标定义：生成一篇能够激发用户评论和转发的社交平台互动文案，目标是增加话题讨论量和互动率。
>
> 情感驱动：通过设置开放性问题或挑战，激发受众的情感反应，使他们愿意分享和评论。
>
> 互动引导：设计能够引导用户参与的互动话题，例如，“你最喜欢的XX是什么？快来分享你的故事！”
>
> 传播策略：通过设置悬念或奖品机制，增加用户分享的意愿，鼓励他们将内容转发给朋友。

在快手上发布一个围绕最新科技产品的互动图文，通过问题引导受众讨论该产品的优势，同时设计转发奖励机制来增加传播效果。

已深度思考（用时 37 秒）

好的，我现在需要帮用户设计一个在快手上发布的互动图文，围绕最新科技产品，通过问题引导讨论，同时设计转发奖励机制来增加传播。首先，我得理解用户的需求。用户希望推广一个科技产品，但具体是什么产品呢？可能是一个智能家居设备、可穿戴设备或者其他类型的科技产品？不过用户没有具体说明，所以我可能需要假设一个通用的科技产品，比如智能手表或者无线耳机，这样适用性更广。

接下来，用户提到要通过问题引导受众讨论产品的优势。这意味着图文内容需要包含能够引发用户思考和参与的问题。这些问题需要突出产品的核心卖点，比如续航、功能、设计等。同时，用户希望设计转发奖励机制，这可能包括抽奖、赠品或者其他激励措施，以鼓励用户转发内容，扩大传播范围。

我需要考虑快手的用户特点。快手用户喜欢直观、有趣、互动性强的内容，所以图文需要视觉吸引力强，文字简洁有力。可能需要使用醒目的标题、高对比度的颜色，以及动态的图片或GIF来吸引注意力。此外，快手的用户群体广泛，涵盖不同年龄层，所以内容需要通俗易懂，避免使用过于专业的术语。

然后，互动问题的设计是关键。问题需要开放性强，让用户有足够的空间去发挥，同时又能引导他们谈论产品的优势。例如，可以问用户最看重产品的哪个功能，或者产品如何改善他们的日常生活。此外，转发奖励机制需要明确且吸引人，比如转发并评论就有机会获得产品或相关配件，这样能有效提升转发率。

另外，需要注意快手的平台规则，确保抽奖活动符合相关规定，避免违规。比如，可能需要注明活动时间、参与方式、奖品详情等。同时，转发奖励机制要简单易懂，用户不需要复杂的步骤就能参与，这样参与度会更高。

可能还需要考虑如何结合热门话题或挑战，增加内容的曝光率。比如，创建一个与产品相关的挑战，鼓励用户拍摄使用产品的视频并带上特定标签，这样既能增加互动，又能扩大传播。

最后，整个图文的结构需要清晰，信息分层明确。标题要抓人眼球，正文部分分点列出产品优势和活动规则，结尾处有明确的行动号召，比如“点击参与”或“立即转发”。同时，使用表情符号和分段符号（如✨、▩、💧）来增强视觉，

标题：

💧「这黑科技能打几分？晒答案赢新品！」💧

图文内容：

主角亮相

【XX智能手表Pro 2024】震撼登场！

✨ 超长续航30天 | 健康监测升级 | 磁吸快充黑科技

❓ **灵魂拷问：你会为哪个功能买单？**

1. **逆天续航：** 一个月不用充电，彻底告别电量焦虑！
2. **健康管家：** 血氧/心率/睡眠全天候监测，数据直连三甲医院？
3. **颜值正义：** 太空钛金属表盘+可拆卸表带，穿搭秒变科技潮人？

💬 **评论区说出你的选择+理由，** 抽10人送同款手表！

（示例：“选1！出差党狂喜，再也不用带充电器了！”）

转发暴击福利

转发此图文 + 带话题 #科技狠活我买单

👉 随机抽3人送 **价值999元全家科技礼包**（含智能音箱+无线充）

👉 第88/188/288位转发者直接送手表！

⏳ **活动时间：** 8月1日-8月7日

📌 **公布方式：** @XX科技官方号 8月8日直播开奖

📌 **行动指令：**

1. **点赞：** Get最新科技资讯
2. **评论：** Pick你最爱的功能
3. **转发：** 解锁双倍中奖机会！

视觉设计Tips：

1. **首图冲击力：** 手表特写+闪电特效+“30天续航”爆炸贴纸
2. **对比色块：** 用荧光绿/科技蓝分割问题区与福利区
3. **动态箭头：** 指向评论/转发按钮，引导用户行动

传播逻辑拆解：

1. **争议性提问：** 用“三选一”激发站队心理，降低评论门槛
2. **阶梯奖励：** 评论抽单品→转发奖套装，刺激二次传播
3. **即时反馈：** 设置转发进度条（如“已解锁58/288位”），营造紧迫感
4. **信任加固：** 预告直播开奖，消除暗箱操作疑虑

数据预期：

- 评论互动率提升300%（争议选项设计）
- 转发量达普通贴文5倍（88/188等节点奖励驱动）

图3-3

3.2　文字类内容提示词应用

针对不同的传播平台和受众群体，文字类内容的提示词应用需要依据具体场景和需求进行精细调整，以确保内容更贴合平台特点和受众偏好。本节将探讨如何利用DeepSeek在微博、公众号和网络小说等平台上设计高效文案，结合各平台的独特属性(如微博的即时性、公众号的深度互动、网络小说的快节奏阅读)来优化提示词。

3.2.1 微博文案设计

微博是一个即时性强、信息更新快、互动频繁的社交平台。作为全球最大的社交媒体之一，它具有独特的传播速度和互动性。鉴于微博平台的这些特性，其上的文案设计需紧贴平台特点，既要简洁明了，又要具备足够的吸引力和互动性。因此，如何设计出适应微博特性的高效文案，是创作者面临的一项挑战。本节将深入探讨如何通过巧妙构思微博文案，以最大限度地发挥平台的传播优势。

微博的独特性要求文案创作必须遵循特定的原则。创作者需深入了解微博的传播规律和用户行为模式，从而设计出既符合平台特性，又能够激发用户互动、提高参与度的文案。

1. 短平快的文案结构

微博的字符限制和快速传播的特点要求文案必须简洁有力，快速吸引用户注意力。与传统的长篇文章不同，微博的文案应做到直观、清晰、简短。一条成功的微博需在有限的字数内传递核心信息并激发受众行动。

主要策略： 保证文案的核心信息突出，避免冗长的描述，使用简洁、直白的语言传达品牌价值或促销信息。可用提示词如下。

> 在不超过140字的限制内，精简文案，确保传递核心信息[前置信息]。
>
> 根据[前置信息]设计简短直接的文案，强调最吸引人的产品或活动亮点。

2. 高度社交化的互动性

微博作为高度互动的平台，其用户之间的评论、转发、点赞等社交行为是文案传播的重要动力。文案设计必须考虑如何激发用户的社交行为，如设置互动环节、提问、举办活动等，以提升传播效果。

主要策略： 引导用户评论、转发、参与话题讨论，并设置有趣且能激发讨论的问题，鼓励用户分享观点和经验。可用提示词如下。

> 根据[前置信息]通过提问的方式引导评论，设计开放性问题。
>
> 使用互动性强的语言，鼓励用户转发和分享。例如，"告诉我们你对此的看法"。
>
> 通过设定互动话题，提升文案的参与度。例如，"#我在XX品牌的购物故事#"。

3. 热点借力与话题引导

微博文案的传播往往受到热点话题的推动，借助当前的热点话题、新闻事件或流行趋势，能够快速提高文案的曝光率和互动量。因此，在设计微博文案时，创作者应时刻关注热点信息，选择与自己品牌或产品相关的热点话题，并通过适当的角度切入。

主要策略： 及时响应社会热点、流行话题，将品牌内容与热点结合，并根据目标受众的兴趣，选择相关话题标签，引导话题讨论。可用提示词如下。

> 使用DeepSeek分析当前热点话题，结合品牌特点选择相关话题。
>
> 通过热门标签和话题的结合，提升文案在社交平台上的曝光度。

4. 视觉元素的配合

在微博平台，图片、视频和其他视觉元素能够显著提升文案的吸引力和互动性。合理设计和运用视觉元素，可使微博文案更好地吸引用户的目光，增强传播力。结合图文内容，可以让文案更具感染力，尤其在需要引发用户情感共鸣时，视觉元素具有不可忽视的作用。

主要策略：设计引人注目的配图或视频，增强文案的视觉吸引力，并且根据文案的核心内容，选择合适的图片、GIF动画或短视频配合表达。可用提示词如下。

> 通过图文结合，增强微博文案的视觉冲击力。
>
> 选择具有情感感染力的配图或视频，确保视觉内容与文案相辅相成。

3.2.2　公众号文案设计

公众号作为一种主要通过图文内容传播的自媒体平台，其内容设计与传播方式具有明显的特点。公众号的文案创作更加注重内容的深度、结构的层次感和持续的互动。该平台的传播方式强调长篇内容的创作，因此公众号文案的写作要求更高，需要在较长篇幅内抓住受众的兴趣，并促使其参与互动或转发。下面将重点介绍公众号的文案写作特点及具体案例。

1. 公众号文案写作特点

公众号文案通常具有较强的知识性与深度，创作者需要提供有价值的信息和实用的指导。相比微博的短平快，公众号的文案写作更注重传递品牌或产品的深层次价值，例如行业分析、案例研究、产品测评等。因此，创作者应通过详尽的数据、案例和深度解析来构建内容，增加读者的信任感和认同感。

公众号文案的篇幅较长，因此结构化的内容布局非常重要。一篇成功的公众号文案需要清晰的逻辑结构，通常包括引言、正文和结尾。在正文中，创作者应根据内容的复杂程度进行合理分段，逐步深入分析或描述，避免冗长的段落和复杂的表达。此外，文案的开头需要足够吸引读者的注意力，激发他们继续阅读的兴趣，而结尾则应提供清晰的呼吁行动(CTA)，促使读者采取行动。

公众号文案应通过情感共鸣引导读者与内容产生联系。创作者可以通过讲述品牌故事、用户案例或个人经历，来增强文章的情感深度；通过情感化的语言和贴近生活的场景描述，与读者建立情感联结，提高内容的吸引力。

公众号文案的核心目标通常是促使读者进行某种转化，例如购买产品、报名课程、参与活动等。因此，文案中必须有明确的呼吁行动(CTA)。无论是在文章的开头、正文还是结尾，创作者都应该巧妙地设计呼吁性语句，鼓励读者采取具体行动，例如"点击查看详情"或"立即购买享优惠"。

2. 公众号书籍推广文案实践

▶ 书籍开头介绍

《Midjourney AI绘画艺术创作教程：关键词设置、艺术家与风格应用175例》是一本面向对AI绘画感兴趣的艺术家及设计师的专业书籍，内容涵盖如何使用Midjourney平台进行艺术创作，重点介绍了关键词设置与艺术风格的应用。该书旨在为读者提供深入的技术讲解和大量的实践案例，适合各种水平的艺术爱好者。出版社希望通过公众号文案的推广，吸引艺术家、设计师及对AI艺术有兴趣的群体购买该书，具体目标如下。

(1) 提升书籍的知名度和曝光度，吸引更多潜在读者。

(2) 传达书籍的独特价值与技术优势，激发读者的购买兴趣。

(3) 提供清晰的行动指引，促使潜在读者购买书籍。

为此，可以设计一组公众号文案开头提示词，生成结果如图3-4所示。

> 为微信公众号生成一条引人注目的文案开头，目标吸引25～40岁艺术家、设计师及AI艺术爱好者购买《Midjourney AI绘画艺术创作教程：关键词设置、艺术家与风格应用175例》书籍。文案需：
>
> – 50字以内，简洁有力；
>
> – 采用提问式或场景设定，激发好奇心；
>
> – 突出书籍价值(如AI绘画技巧、175个案例)；
>
> – 风格活泼、吸引，适合公众号推广；
>
> – 避免冗长描述，目标提升点击和购买兴趣。

图3-4

▶ 书籍内容与价值呈现

正文部分需清晰展示该书的核心内容和独特价值，激发读者的兴趣。DeepSeek可通过分析书籍背景和目标受众需求，生成结构清晰、针对性强的文案。以下是书籍内容与价值的详细提示词，可以输入DeepSeek生成对应文案，生成结果如图3-5所示。

> 为微信公众号生成一篇500字的正文，推广《Midjourney AI绘画艺术创作教程：关键词设置、艺术家与风格应用175例》，目标吸引25～40岁艺术家、设计师及AI艺术爱好者购买。文案需：
>
> – 结构清晰，包含核心价值描述(400字)、行动号召(100字)；
>
> – 突出书籍价值(如AI绘画技术、175个案例、适合各种水平读者)；
>
> – 结合背景信息(如艺术与科技融合、AI绘画重新定义艺术)激发情感共鸣；
>
> – 风格专业且活泼，适合公众号推广，避免冗长描述；
>
> – 提供行动指引(如"扫描二维码，立即购买，享8折优惠")。
>
> 书籍背景信息：在这个数字化和全球化日益紧密相连的时代，艺术与科技的融合正在迅速拓宽和深化。人工智能渗透到生活的各个层面，包括艺术。AI绘画已跨越"奇点"，重新定义艺术创作方式。本书为所有对AI艺术充满热爱与好奇的人编写，适合经验丰富的艺术家和初学者，提供AI绘画原理、技术讲解和175个Midjourney实践案例，教你关键词设置与艺术风格应用，助你开启AI艺术之旅。

通过对书籍内容的简单而有力的概述，文案明确传达了这本书的技术性和实用性，突出了其对读者的实际帮助，并进一步激发了读者对提高艺术创作水平的兴趣。

【AI艺术革命手册：175个密钥解锁你的赛博缪斯】

当梵高的星空遇见算法之光，当水墨丹青碰撞神经网络——这不是科幻电影，而是正在发生的艺术进化史！《Midjourney AI绘画艺术创作教程》正是这场变革中创作者们的「基因改造指南」，用技术赋能灵感，让每个人都能成为AI时代的艺术遗物主。

❋ 为什么说这本书是数字创作者的「第二大脑」？

▌从原理到实战的全维度赋能
书中不仅详解Midjourney的底层逻辑，更独创「关键词语法树」教学体系：从基础光影参数到高阶风格矩阵，手把手教你用文字编织视觉魔法。37页「艺术家风格密码词典」收录从古典主义到元宇宙美学的59种流派指令，让AI成为你最懂的创作伙伴。

▌175个案例＝175次创意跃迁
每个案例都是可复用的创意模板：

· 新手必修：用「三段式关键词结构」10分钟生成商业级插画
· 进阶秘籍：「风格混合公式」实现敦煌壁画×赛博机械的跨界实验
· 大师玩法：「潜空间导航权重」精准控制画面情绪颗粒度
　特别收录12组商业案例全流程拆解，涵盖游戏概念设计、数字藏品创作等前沿领域。

▌跨维度的创作自由
无论你是想突破瓶颈的伟统画家，渴望AI融入工作流的平面设计师，还是追求个性表达的数字游民，书中换色的「创作能级跃迁模型」都能带来惊喜：
√ 零基础：3小时掌握AI绘画黄金工作流
√ 创作者：破解「人机协同」的创意增殖法则
√ 探索者：构建个人专属的美学基因库

◆ 更蕴藏多重创作加速器：

· 附赠「2000+高价值关键词库」电子手册（含商业价值评级）
· 7组可直用「爆款风格模版」
· 艺术家特供的「抗同质化作战指南」

♀ 在这个算法即画笔的时代，真正的竞争力在于抵制AI，而在于如何让它成为创意的外延器。书中每一个案例都在诉说：当人类的美学积淀遇上机器的无限算力，迸发的不是替代危机，而是指数级放大的创作可能。

⚡【即刻行动，抢占AI艺术新大陆】⚡
限时72小时特惠！原价129元，现扫码立享8折优惠（仅需103元），前200名下单还可获得：
🎁 《全球TOP50 AI艺术家作品集》电子图鉴（价值68元）
🎁 「关键词炼金工坊」直播课入场券（3期连播）
🎁 专属读者交流群（获取每日更新提示词包）

⏳ 倒计时开始，你将面临两个选择：
继续在碎片化教程中浪费时间成本
或
手握这本AI艺术时代的「创作者生存指南」，在下一轮技术浪潮中建立个人美学霸权

⚡ 长按识别二维码，开启你的智级像体之旅 ⚡
[二维码动态图] 点击蓝字「立即抢购」直达购买页

❋ 当别人还在争论AI是否取代人类时，你已悄然掌握重构视觉宇宙的权柄 ❋

图3-5

> ▶ 书籍典型内容宣传

　　为了提升书籍的可信度和说服力，通过结合书籍的典型内容进行图像呈现，可以进一步强化文案的营销效果。在这一过程中，DeepSeek能够协助优化文案的营销卖点。以下是设计书籍典型内容宣传部分的提示词，准备好的书籍油画图像如图3-6所示，生成结果如图3-7所示。

　　为微信公众号生成一篇150字的书籍典型内容宣传文案，并根据我提供的图片描述，推广书籍，目标吸引艺术家、设计师及AI艺术爱好者购买。文案需：

　　－ 突出典型内容(图片描述：此书籍的油画风格丰富、包含了多种油画提示词技巧和油画风格/艺术家提示词示例，提供了丰富的油画创作/展览参考)；

　　－ 风格专业且围绕我已准备好的油画图像，适合公众号推广，避免冗长描述；

　　书籍目录参考：第3章Midjourney油画创作，包含油画头像、风景、静物和抽象油画案例，讲解关键词设置与风格应用；第2章 Midjourney参数与命令介绍，详细说明关键词设置技巧。

图3-6

图3-7

通过典型内容的简要展示和相关图像(如 Midjourney 生成的油画头像)示例，文案增强了书籍的可信度，吸引读者进一步了解并购买，强化了营销效果。

3.2.3　网络小说文案设计

网络小说文案设计需结合平台的特性(如阅读快、内容吸引力和互动性)，通过简洁有力的语言吸引读者关注，提升点击率、收藏率和订阅率。DeepSeek可通过精准的提示词设计，生成适合网络小说平台(如起点中文网、晋江文学城)的文案内容。本节将深入探讨如何利用DeepSeek进行网络小说文案设计，并提供具体的提示词示例。

1. 网络小说文案设计的独特需求

网络小说文案设计需满足以下核心需求，以吸引读者并推动订阅。

内容吸引：开篇需快速引入核心冲突或角色魅力(如废柴少年的逆袭、失忆女主的情感纠葛等)，在200~300 字内勾起读者兴趣，突出小说核心剧情。

情节紧凑：关键情节需节奏快、冲突强烈，保持读者阅读动力，避免冗长描述，适合网络小说的快节奏阅读习惯。

互动引导：章节结尾加入悬念，激励读者收藏和订阅。

平台适配：根据目标平台(如起点中文网的玄幻、晋江文学城的言情)和受众(如18~30岁读者)需求，调整内容风格和题材，确保与平台用户偏好匹配。

2. 提示词设计：聚焦网络小说内容

DeepSeek可通过结构化、清晰的提示词生成高质量的网络小说内容，突出核心剧情和读者吸引力。以下是针对网络小说内容的提示词示例，重点说明开篇、关键情节和章节结尾的写作，供创作者直接输入DeepSeek使用。

▶ 生成开篇提示词

生成网络小说开篇的提示词示例如下，结果如图3-8所示。

为起点中文网生成一篇玄幻网络小说开篇内容，目标吸引18～30岁读者，字数200～300字。内容需：

- 突出核心冲突(如废柴少年被家族遗弃)；
- 风格悬疑、吸引，聚焦角色成长和剧情起伏；
- 避免冗长描述，快速引起读者兴趣；
- 适合快节奏阅读，目标提升点击率。

示例参考："被家族遗弃的少年林夜，站在破旧茅屋前，眼中闪过一丝决然。神秘老者突然出现，手中宝剑散发出幽蓝色光芒：'小子，是否愿意追寻神界秘境？'"

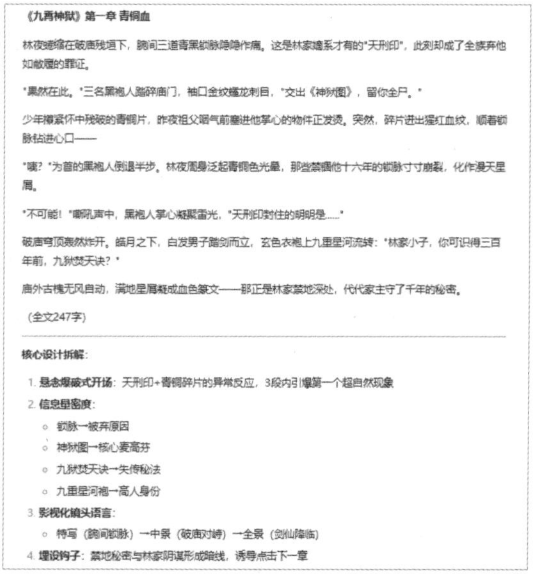

《九霄神狱》第一章 青铜血

林夜蜷缩在破庙残垣下，腕间三道青黑锁脉隐隐作痛。这是林家嫡系才有的"天刑印"，此刻却成了全族弃他如敝履的罪证。

"果然在此。"三名黑袍人踏碎庙门，袖口金纹蟠龙刺目，"交出《神狱图》，留你全尸。"

少年攥紧怀中残破的青铜片，昨夜祖父咽气前塞进他掌心的物件正发烫。突然，碎片迸出猩红血纹，顺着锁脉钻进心口——

"咦？"为首的黑袍人倒退半步。林夜周身泛起青铜色光晕，那些禁锢他十六年的锁脉寸寸崩裂，化作漫天星屑。

"不可能！"嘶吼声中，黑袍人掌心凝聚雷光，"天刑印封住的明明是……"

破庙穹顶轰然炸开。皓月之下，白发男子踏剑而立，玄色衣袍上九重星河流转："林家小子，你可识得三百年前，九狱焚天诀？"

庙外古槐无风自动，满地星屑凝成血色篆文——那正是林家禁地深处，代代家主守了千年的秘密。

（全文247字）

核心设计拆解：

1. **悬念爆破式开场**：天刑印+青铜碎片的异常反应，3段内引爆第一个超自然现象
2. **信息量密度**：
    - 锁脉→被弃原因
    - 神狱图→核心麦高芬
    - 九狱焚天诀→失传秘法
    - 九重星河袍→高人身份
3. **影视化镜头语言**：
    - 特写（腕间锁脉）→中景（破庙对峙）→全景（剑仙降临）
4. **埋设钩子**：禁地秘密与林家阴谋形成暗线，诱导点击下一章

图3-8

设计网络小说大纲

在写作网络小说内容前，设计大纲是关键步骤，用于整体把握小说的脉络、故事主线、支线、主要冲突、力量体系、经济体系、功法体系、主要地域/地图规划，以及主要道具/法宝体系。通过DeepSeek设计大纲提示词，确保小说内容结构清晰、逻辑严密、吸引读者，适合网络小说的快节奏阅读和订阅目标。以下是更详细的提示词和预期输出，确保内容逻辑严密、充满悬疑和吸引力，并为后续剧情和世界观做好铺垫。以下是提示词示例，结果如图3-9所示。

为起点中文网生成一篇玄幻网络小说的详细大纲，目标吸引18～30岁读者，长度600～800字。内容需：

- 明确故事主线，详细描述主人公的成长轨迹(如废柴少年林夜从被家族遗弃到觉醒天神血脉，最终逆袭成为神界至尊，终结魔族威胁)，包括关键转折点(如觉醒、初战、盟友背叛)；
- 设计支线，至少3个支线，逻辑与主线交织，增加故事深度(如家族内部阴谋、神秘盟友的背叛、恋人危机推动主角成长)；
- 设定主要冲突，至少3个主要冲突，突出紧张感和悬疑(如家族敌对势力的追杀、魔族入侵神界、林夜与天神传承之间的内斗)；
- 构建主要力量体系，详细设计神力、魔力、灵力等级划分(如神力分凡境、灵境、仙境、神境四级，魔力分初魔、深魔、魔王三阶，灵力为辅助力量)，包括修炼条件和限制(如需灵矿、神晶驱动)；
- 设计主要经济体系，详细描述三界经济结构(如神晶为主要货币，灵矿开采为经济核心，魔域黑市交易活跃，涉及交易规则和稀缺资源)；

- 建立主要功法体系：设计至少2个核心功法(如"天元诀"提升神力，需灵矿炼化，修炼分初级、中级、终极阶段；"魔神变"融合魔力，禁忌吸收神晶，修炼风险高)，包括功法来源、修炼难度和效果；

- 规划主要地域/地图：详细规划三界地形和关键地点(如神界的悬崖神殿、光明之城；魔域的深渊魔窟、血色荒原；人间界的林夜故乡、秘境入口)，描述地形特征(如悬崖险峻、深渊幽暗)、气候条件和战略意义；

- 设定主要道具/法宝体系：设计至少3个核心道具/法宝(如幽蓝神剑可吸收魔气、提升神力，源自神界遗迹；护心玉佩可抵御魔咒、恢复灵力，来自人间秘境；乾坤戒可储存灵矿、隐匿气息，产自魔域黑市)，包括功能、来源和使用限制；

- 风格逻辑严密、悬疑吸引，适合网络小说快节奏阅读，目标提升订阅率。

示例参考：主线"林夜从废柴少年成长为神界至尊"，支线"家族阴谋揭露，神秘盟友背叛"，冲突"家族敌对与魔族入侵"，力量体系"神力分四阶"，地图"神界悬崖、魔域深渊"，道具"神剑吸收魔气"。

以下是为《九霄神狱》设计的符合起点中文网风格的详细大纲（约780字）：

一、主线设计

核心脉络： 被家族种下"天刑印"的弃子林夜，因祖父遗留的《神狱图》碎片觉醒上古天神血脉，逐步揭开三界"青铜血"阴谋，最终以九狱焚天诀镇压魔神，重铸神界秩序。

成长轨迹：

1. 血脉封印期（1-50章）：被家族追杀→破茧逼境→白发逆修玄霄引路→觉醒青铜血
2. 三界试炼期（51-150章）：入神狱秘境→揭露林家千年血祭真相→初战魔族先锋→恋人苏璃被魔咒侵蚀
3. 逆天证道期（151-300章）：炼化九狱焚天诀→平定神界内乱→血洗深渊魔皇→发现玄霄竟是三百年前坠神

二、支线与冲突

支线1：青铜血诅咒
- 林家每代魂魄需以血祭供养魔神残魂，林夜实为千年来唯一纯血脉载体
- 关键转折：第80章林夜亲手斩杀被魔化的族长父亲

支线2：镜花水月盟
- 神秘组织表面协助对抗魔族，实则策划复活魔神
- 悬疑爆点：第210章盟主叶无尘用护心玉佩将苏璃炼化为魔种容器

支线3：时间闭环
- 玄霄真实身份是林夜三百年后的堕魔分身，九狱焚天诀修炼将极致会引发时空悖论

核心冲突：
1. 血脉诅咒vs自由意志（每突破一重境界需承受魔化风险）
2. 神界保守派阻挠（认为青铜血必须毁灭）
3. 魔神残魂寄生系统（随实力增强不断蚕恋主角）

三、力量与经济体系

神力四境：
- 凡境（开脉、通玄、化灵）→灵境（星辉、月轮、日耀）→仙境（三灾、九劫）→神境（需领悟至少三种本源法则）

魔力三阶：
- 初魔（附体）、深魔（凝魂）、魔王（领域展开），魔族通过吞噬神晶进化
- 特殊设定：灵力为神魔二力缓冲剂，停炼需玄霄海井"星屑灵矿"，神界年产量仅300码

经济结构：
- 神晶：产自神界秘境魔窟，1克=1000灵矿
- 黑市规则：每月朔日在血色荒原举行"无光拍卖"，可用寿命竞价
- 战略资源：九狱玄铁（唯一能承载神魔双力的材料）

四、功法与地图

核心功法：

1. 九狱焚天诀（主线）：
- 来源：刻录于青铜血基因链
- 限制：每突破需吞噬一种异兽，目前已探明"幽冥骨火"在魔域祭坛

2. 镜花秘典（支线）：
- 效果：预知未来3秒，但每次使用折寿十年
- 陷阱：实为魔神篡改命运线的手段

三界地图：
- **神界·悬星崖：** 布满引力乱流的试炼场，中心神殿藏着初代天神尸骸
- **魔域·哭魂渊：** 岩浆中漂浮百万冤魂，魔王在此抽取恐惧之力
- **人间·无妄海：** 海水可溶解灵力，海底沉睡着封印魔神的青铜巨棺

五、道具系统

1. 青铜血符（成长型）：
- 可吸收敌人精血升级，但超过承载值会反噬
- 终极形态：化为九霄神狱镇压三界

2. 时晷罗盘：
- 每日逆转时间1次，代价是随机遗忘一段记忆
- 关键伏笔：第270章揭示林夜早已使用过217次

3. 离魂囊：
- 用神晶与魔核锻造，可禁锢魔王级敌人12时辰
- 致命缺陷：断裂时会引爆使用者奇门田

六、节奏规划
- 每50章设置记忆点：血脉觉醒（50章）、苏璃魔化（100章）、时空悖论（150章）
- 悬念钩子：每章结尾需颠覆性真相（如第50章玄霄揭露拥有与林夜相同的青铜血纹）
- 战斗密度：保持每3章1场智斗、每10章1场生死战

此大纲通过时空闭环、基因伏笔、经济体制等设计增强逻辑性，同时用"记忆删除""寿命交易"等创新点来迭瑱爆点，符合新媒体时代读者对沉浸剧情与烧脑设定的需求。

图3-9

写作主要剧情、冲突细节、故事背景和世界观

基于上述大纲，DeepSeek可进一步生成网络小说的主要剧情和冲突细节、故事背景和世界观，确保内容逻辑严密、吸引读者。以下是提示词示例(后续可继续优化)，结果如图3-10所示。

为起点中文网生成一篇玄幻网络小说的主要冲突详细构思，以及故事背景和世界观，目标吸引18～30岁读者，长度800～1000字。内容需：

– 详细描述主要冲突(如家族阴谋、魔族与神族的战争、林夜内心的挣扎)；

– 构建故事背景(如万年前神魔大战导致世界分裂，神界、魔域、人间界形成)；

– 设计世界观(如神力与魔力对立的规则、灵矿经济的重要性、功法修炼的禁忌)；

– 风格逻辑严密、悬疑吸引，适合网络小说快节奏阅读，目标提升订阅率。

示例参考：剧情“林夜觉醒神力后，家族派高手追杀，魔族趁乱入侵，他与盟友联手反击，终成至尊”，背景“万年前神魔大战，世界分裂为三界”，世界观“神力需灵矿炼化，魔力禁忌吸收神晶”。

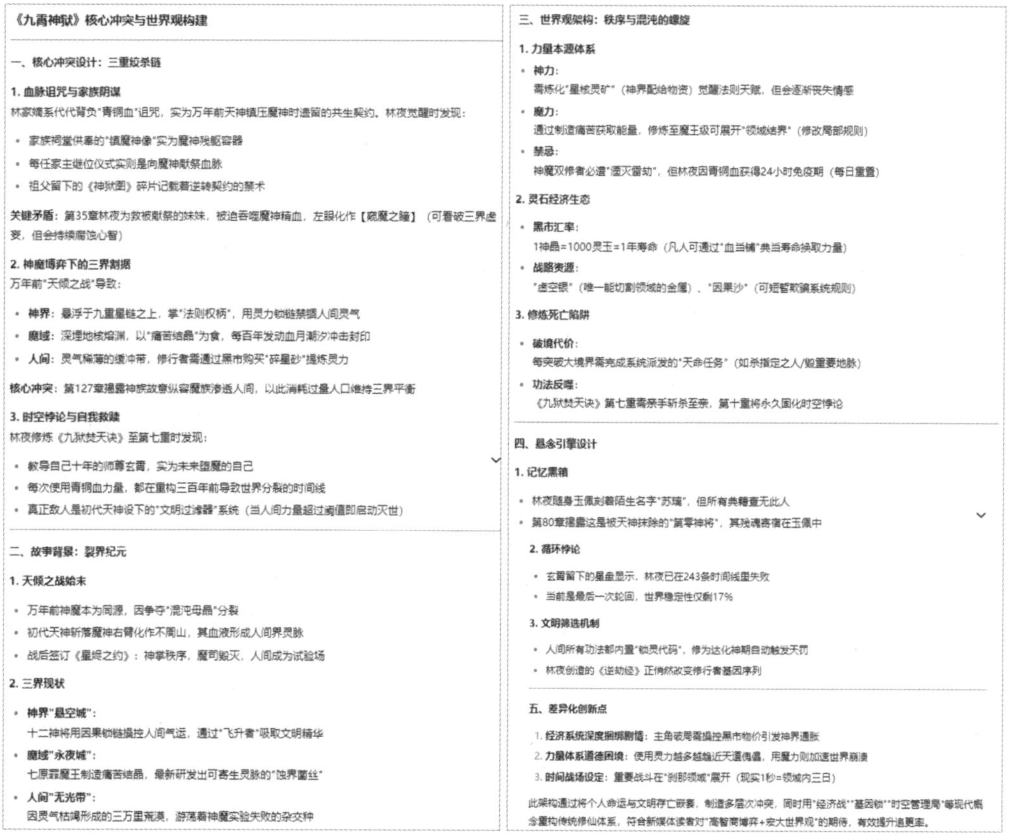

《九霄神狱》核心冲突与世界观构建

一、核心冲突设计：三重绞杀链

1. 血脉诅咒与家族阴谋

林家嫡系代代背负"青铜血"诅咒，实为万年前天神镇压魔神时遗留的共生契约。林夜觉醒时发现：

- 家族祠堂供奉的"镇魔神像"实为魔神残躯容器
- 每任家主继位仪式实则是向魔神献祭血脉
- 祖父留下的《神狱图》碎片记载着逆转契约的禁术

关键矛盾：第35章林夜为救被献祭的妹妹，被迫吞噬魔神精血，左眼化作【窥魔之瞳】（可看破三界虚妄，但会持续腐蚀心智）

2. 神魔博弈下的三界割据

万年前"天倾之战"导致：

- **神界**：悬浮于九重星链之上，掌"法则权柄"，用灵力锁链禁锢人间灵气
- **魔域**：深埋地核熔渊，以"痛苦结晶"为食，每百年发动血月潮汐冲击封印
- **人间**：灵气稀薄的缓冲带，修行者需通过黑市购买"碎星砂"提炼灵力

核心冲突：第127章揭露神族故意纵容魔族渗透人间，以此消耗过量人口维持三界平衡

3. 时空悖论与自我救赎

林夜修炼《九狱焚天诀》至第七重时发现：

- 教导自己十年的师尊玄霄，实为未来堕魔的自己
- 每次使用青铜血力量，都在重构三百年前导致世界分裂的时间线
- 真正敌人是初代天神设下的"文明过滤器"系统（当人间力量超过阈值即启动灭世）

二、故事背景：裂界纪元

1. 天倾之战始末

- 万年前神魔本为同源，因争夺"混沌母晶"分裂
- 初代天神斩落魔神右臂化作不周山，其血液形成人间界灵脉
- 战后签订《星烬之约》：神掌秩序，魔司毁灭，人间成为试验场

2. 三界现状

- **神界"悬空城"**：
  十二神将用因果锁链操控人间气运，通过"飞升者"吸取文明精华
- **魔域"永夜城"**：
  七原罪魔王制造痛苦结晶，最新研发出可寄生灵脉的"蚀界菌丝"
- **人间"无光带"**：
  因灵气枯竭形成的三万里荒漠，游荡着神魔实验失败的杂交种

三、世界观架构：秩序与混沌的螺旋

1. 力量本源体系

- **神力**：
  需炼化"星核灵矿"（神界配给物资）觉醒法则天赋，但会逐渐丧失情感
- **魔力**：
  通过制造痛苦获取能量，修炼至魔王级可展开"领域结界"（修改局部规则）
- **禁忌**：
  神魔双修者必遭"湮灭雷劫"，但林夜因青铜血获得24小时免疫期（每日重置）

2. 灵石经济生态

- **黑市汇率**：
  1神晶=1000灵玉=1年寿命（凡人可通过"血当铺"典当寿命换取力量）
- **战略资源**：
  "虚空银"（唯一能切割领域的金属）、"因果沙"（可短暂欺骗系统规则）

3. 修炼死亡陷阱

- **破境代价**：
  每突破大境界需完成系统派发的"天命任务"（如杀指定之人/毁重要地脉）
- **功法反噬**：
  《九狱焚天诀》第七重需亲手斩杀至亲，第十重将永久固化时空悖论

四、悬念引擎设计

1. 记忆黑箱

- 林夜随身玉佩刻着陌生名字"苏璃"，但所有典籍查无此人
- 第80章揭露这是被天神抹除的"第零神将"，其残魂寄宿在玉佩中

2. 循环悖论

- 玄霄留下的星盘显示，林夜已在243条时间线里失败
- 当前是最后一次轮回，世界稳定性仅剩17%

3. 文明筛选机制

- 人间所有功法都内置"锁灵代码"，修为达化神期自动触发天罚
- 林夜创造的《逆劫经》正悄然改变修行者基因序列

五、差异化创新点

1. **经济系统深度捆绑剧情**：主角破局需操控黑市物价引发神界通胀
2. **力量体系道德困境**：使用灵力越多越趋近天道傀儡，用魔力则加速世界崩溃
3. **时间战场设定**：重要战斗在"刹那领域"展开（现实1秒=领域内三日）

此架构通过将个人命运与文明存亡嵌套，制造多层次冲突，同时用"经济战""基因锁""时空管理局"等现代概念重构传统修仙体系，符合新媒体读者对"高智商博弈+宏大世界观"的期待，有效提升追更率。

图3-10

3.3　本章小结

本章深入探讨了DeepSeek在文案创作中的应用，重点分析了提示词设计的核心策略和实践方法。

首先，阐述了文案创作的核心要素、传播框架与方式，以及提示词思维链在文案创作中的分步骤实践应用，提供了结构化、精准的提示设计指导。其后，聚焦文字类内容提示词应用，分别针对微博文案、公众号文案和网络小说文案设计了具体的提示词示例，并结合用户行为分析优化内容，提升传播效果和用户参与度。

通过DeepSeek的智能支持，创作者能够高效生成高质量文案，显著提升自媒体内容的吸引力和商业价值，为不同平台的文字类内容创作提供了强有力的工具。

3.4　课后练习

▶ 练习1：微博文案优化

根据某科技产品的微博历史数据(例如，点击率5万、点赞率3%、评论多为"功能太酷")，分析其语言风格和用户反馈。设计一个优化后的微博文案提示词，目标吸引25～35岁科技爱好者，提升互动率(不超过140字)。利用DeepSeek生成一条新文案，突出产品亮点(如"AI降噪技术")，并加入互动性问题(如"你的降噪痛点是什么？")。

▶ 练习2：网络小说文案设计

为起点中文网设计一篇玄幻网络小说的开篇和章节结尾提示词，目标吸引18～30岁读者，提升点击率和订阅率。开篇内容需200～300字，突出核心冲突；章节结尾需100～150字，加入悬念。利用DeepSeek生成内容，并分析如何优化提示词以增强读者兴趣。

第4章
DeepSeek打开自媒体行业的流量密码

随着生成式人工智能技术的飞速发展，DeepSeek已成为自媒体行业中不可或缺的重要工具，为内容创作者提供了高效且精准的内容生成支持。

本章将深入剖析DeepSeek在自媒体领域的应用，特别是针对小红书(专注于图文内容)和抖音(专注于短视频内容)的自动生成功能，揭示其如何巧妙地借助提示词设计和智能优化策略，显著提升内容质量及商业价值。通过实践探索，创作者能够充分利用DeepSeek的智能优势，有效提升小红书图文和抖音短视频的吸引力、互动性及商业转化效果。

4.1 小红书内容生成

小红书作为图文自媒体的领军平台，凭借精准的社区定位与强大的用户互动特性，吸引了众多内容创作者。在小红书上，成功的图文内容需兼具吸引人的标题、丰富的内容，以及商业变现价值。DeepSeek通过其提示词设计与内容生成功能，助力创作者高效打造适合小红书的爆款标题、图文内容，并规划自媒体商业变现路径。

本节将深入讨论DeepSeek在小红书内容创作中的应用，涵盖自媒体商业变现策略、爆款标题生成技巧，以及图文内容的优化方法，旨在确保内容既贴合平台特色，又能最大化提升曝光与转化成效。

4.1.1 自媒体商业变现路径规划

随着社交媒体平台的蓬勃兴起，自媒体行业已成为众多创作者与企业的重要收入来源，其中小红书等平台的崛起更是吸引了大量内容创作者、品牌方及广告商的积极参与。在这一背景下，如何通过高质量的内容创作实现自媒体商业变现，成为业内关注的核心议题。

自媒体商业变现的途径多种多样，创作者需根据自身的内容特色、目标受众及平台特性，量身定制有效的变现策略。DeepSeek凭借其智能分析与创作辅助功能，为创作者提供了优化商业变现路径的有力支持。本节将详细阐述自媒体商业变现的几种主流途径，并结合DeepSeek的优势，提出针对性的提示词建议，旨在帮助创作者制定更具个性化的变现策略，实现商业价值的最大化。

1. 平台特性与分发机制分析

小红书作为一个独具特色的平台，融合了社区互动、用户生成内容(UGC)及品牌推广等多重元素，展现出巨大的商业变现潜力。以下是对小红书核心特征与内容分发机制的详尽剖析，旨在助力创作者深入理解平台运营机制，优化内容创作与品牌合作策略。

> 小红书的核心特征

种草生态：小红书具有独特的"种草"文化，用户通过分享个人使用心得、产品推荐等内容，激发其他用户的购买兴趣，构建了真实且生活化的内容生态。这种推荐行为不仅促进了商品销售，还加深了用户间的情感联系。

社区氛围：小红书的内容传播具有强烈的社区属性，用户既是信息的接收者，也是内容的创作者。通过评论、点赞、分享等互动行为，用户参与到内容的传播中，形成良好的口碑效应，提升了品牌推广的可信度。

垂直专业：小红书专注于美妆、时尚、旅行、健身等垂直领域，内容精准度高，受众群体高度集中。创作者通过专注特定领域，能够提高自身内容的影响力，吸引相关品牌进行精准投放。

内容驱动的电商属性：小红书将内容与电商紧密结合，用户可直接通过平台链接跳转到购买页面。这种内容驱动的电商模式使小红书成为消费决策的重要入口，尤其在美妆、服饰等高消费品类中表现尤为突出。

视觉化与高质内容导向：小红书注重内容的美观性和视觉呈现，强调高品质的视觉效果。平台中的图文笔记通常配有精美的图片或短视频，提升了用户的阅读体验。

▶ 小红书的内容分发机制

小红书的内容分发机制为创作者提供了多样化的曝光途径，确保内容能够高效地触达目标用户群体。下面对小红书的内容分发机制进行详细介绍。

个性化推荐算法：小红书借助大数据和人工智能算法，深入分析用户的浏览历史、搜索行为、兴趣标签和互动记录，从而精准地为用户推送个性化的内容。例如，对美妆感兴趣的用户会优先接收到护肤品测评或化妆教程等相关内容。这种算法驱动的分发模式不仅提升了用户留存率，还增强了内容的相关性和吸引力。

话题标签与热榜机制：小红书通过引入话题标签(如#旅行打卡#、#美妆教程#)和热榜功能，有效地集中分发与当前趋势或热点紧密相关的内容。用户和创作者可以便捷地通过这些标签参与热点讨论，进而扩大内容的曝光范围。同时，平台会根据标签的热度和用户的互动情况，灵活调整内容的分发优先级，确保用户能够及时获取最受欢迎和最具价值的信息。

关注推荐流：小红书通过分析用户的关注历史和互动记录，精心打造个性化的内容推送服务。在这个机制中，文案的标题和首图扮演着至关重要的角色。只有那些具备足够吸引力、能够迅速抓住用户眼球的内容，才能成功引起用户的注意，并促使其点击阅读。

搜索发现：当用户通过关键词进行搜索时，小红书平台会根据内容的相关性和搜索意图，对搜索结果进行智能排序。因此，在小红书上进行内容创作时，创作者需要精心布局关键词，并确保内容的专业性和深度。通过优化文案的关键词策略，创作者可以显著提升内容在搜索场景中的展示优先级，从而吸引更多潜在用户的关注。

内容质量与视觉吸引力：小红书始终将高质量、视觉效果优异的内容放在首位，无论是配有精美图片的图文笔记，还是内容精彩的短视频，都会得到平台的优先分发。笔记内容的设计、排版及创意的直观性，也会直接影响其在平台内的分发权重。因此，只有那些能够吸引用户停留、分享并引发广泛讨论的内容，才能在小红书平台上实现自然的传播和扩散。

2. 小红书平台的提示词设计

小红书，作为一个集社交互动与电商于一体的独特平台，其内容创作与分发机制相辅相成。成功的文案不仅需要创意和情感的共鸣，还需优化内容的呈现与传播路径。为了确保创作者的内容能够在小红书平台上获得理想的曝光与互动，精准的提示词设计显得尤为重要。

▶ 信任建设与真实性表达

在小红书的社区中，信任是维系用户黏性、促进转化的核心要素。真实的使用感受与专业的内容构建是增强品牌可信度的关键，而任何过度修饰或虚假的内容都可能引发用户反感，导致用户流失。因此，设计信任建设的提示词时，应紧密围绕真实体验和专业性进行。以下是一些优化后的提示词示例：

> 请为[产品/品牌]撰写一篇建立信任感的种草文案。
> 目标产品/品牌：请指定产品类型，如护肤品、健身装备、智能家居等。
> 创作者身份：设定内容创作者的背景，如护肤专家、美妆博主、健身达人等，以增强专业性。
> 内容结构
> 专业背景展示：介绍个人使用该类产品的经验或专业知识，如"从业10年护肤专家，测评过200多款护肤品"。

真实使用体验：描述个人使用产品的具体过程，包括产品的使用感受、适用场景、效果对比等。

对比测评：提供该产品与同类产品的对比分析，展现优劣势，帮助用户做出理性选择。

避免营销化表达

呈现真实缺点：如"这款产品对干皮很友好，但对于油皮来说可能稍微厚重"。

保持客观态度：如"适合喜欢轻盈妆感的用户，但如果你偏爱厚重遮瑕，可以考虑其他产品"。

最终目标：增强消费者信任感，使其对产品产生安全感，提升购买决策的可信度。

> 场景化表达与情感共鸣

在小红书的文案创作中，场景化表达是一种极具吸引力的策略。通过描绘具体的生活场景，创作者能够引导用户身临其境，产生共鸣，进而激发其购买欲望和参与兴趣。DeepSeek能够利用情感分析和受众行为数据，为创作者提供有力支持，帮助他们精准捕捉受众的情感需求，进一步优化文案设计。以下是一些优化后的场景化表达与情感共鸣的提示词：

请为[产品/品牌]设计一篇场景化的种草文案。

产品信息：明确产品名称及主要用途，如"便携式咖啡机——随时随地享受高品质咖啡"。

典型使用场景(创建3个真实的生活场景)

场景1：忙碌早晨——"每天早上赶着出门，想喝杯咖啡但又来不及？这款咖啡机3分钟即可完成一杯香浓的意式浓缩咖啡，让你的清晨不再手忙脚乱"。

场景2：户外露营——"露营爱好者的福音！无须插电，轻松手压即可萃取一杯丝滑咖啡，让你在大自然中也能享受品质生活"。

场景3：办公午后——"下午工作疲惫不堪？办公室泡速溶又太将就？这款便携咖啡机，让你随时随地享受现磨咖啡的香气与美味"。

用户痛点解析

常见问题：描述用户在无该产品时的困扰，如"办公室只能喝寡淡的速溶咖啡，外卖咖啡又贵又难喝"。

产品如何解决问题：如"这款便携咖啡机内置15Bar高压泵，让你在家、公司、旅行中都能享受高品质咖啡"。

最终目标：使用户在阅读时自动代入自身生活，感受到产品带来的便利，从而激发购买欲望。

> 简洁明了与突出重点

小红书的内容分发机制，要求创作者的文案做到简洁、清晰且直击要点。鉴于用户在平台上浏览时往往只有短暂的注意力集中期，因此文案必须能够在极短的时间内有效传达最关键的信息。为了实现这一目标，对文案的结构和节奏进行优化，以确保信息的迅速且准确传递，就显得尤为重要。

4.1.2　爆款标题生成

在小红书平台上，标题扮演着吸引用户点击的重要角色。一个成功的标题不仅要简洁有力，更需具备足够的吸引力和传播价值。通过巧妙地优化标题，创作者能够显著提升内容的曝光率和用户的参与度，进而加强内容的商业转化能力。DeepSeek提供的智能化提示词设计功能，能够助力创作者打造出与受众兴趣点紧密贴合、极具吸引力的爆款标题，从而有效增强内容的传播效果。

1. 标题创作的关键要素

在小红书平台上，一个成功的标题需融合如下关键要素。

简洁明了：鉴于用户浏览时接触标题的时间有限，标题务必简洁直接，迅速传达内容的核心价值。

吸引眼球：一个富有吸引力的标题，能够激发用户的好奇心，促使他们点击以深入了解内容。

情感共鸣：与受众情感产生共鸣的标题可以增强内容的感染力，更能激发用户的互动和传播。

明确价值：标题应明确告知用户阅读内容的潜在收益，如"节省时间""提升效果""解决问题"等。

关键词优化：结合小红书的搜索机制，标题中的关键词需精准且有利于搜索引擎优化，确保内容能被更多潜在受众发现。

2. 爆款标题的生成方法

借助DeepSeek，创作者能够轻松生成一系列个性化、针对性强的爆款标题。以下是生成爆款标题的提示词设计方法，创作者可根据内容主题、受众需求及平台特性进行灵活调整和优化。

▶ 基于受众需求和兴趣点设计标题

创作者需深入了解目标受众的需求、痛点或兴趣点，并以此为基础设计标题。了解受众的偏好、面临的问题及他们期望从内容中获取的价值，是打造爆款标题的首要步骤。以下是一些提示词示例，旨在帮助创作者更好地捕捉受众心声。

> 请为以下内容设计爆款标题。
> 目标产品/服务：请指定产品或服务的类型，如"护肤品""健身器材""美食制作"。
> 受众画像：设定目标受众群体，如"25～35岁的女性用户，热衷于护肤和健康生活"。
> 核心卖点：突出产品或服务的独特优势，如"抗老化效果显著""轻松打造健身房效果"。
> 情感触发：结合受众情感需求，设定标题情感基调，如"解放你的肌肤，拥抱青春""让你体验到前所未有的改变"。
> 价值承诺：强调内容的核心价值承诺，如"1周见效""省时省力的解决方案"。
> 例如：
> "想拥有无瑕肌肤？试试这款[产品名称]，30天见证奇迹！"
> "健身新手必看！轻松打造家用健身房，3分钟塑形秘诀！"

▶ 利用数字和独特方法增加吸引力

利用数字和独特方法能够显著提升标题的吸引力，使内容显得更加具体、实用。例如，采用"5个绝招""10步指南""如何轻松"等形式，不仅能够增强内容的可操作性，还能激发用户的好奇心。以下是一些提示词示例。

> 请根据以下要求生成带有数字和方法性的标题。
> 产品/服务：[产品名称/服务名称]。

内容格式：列出具体步骤或方法，如"3步轻松打造健康肌肤"。

数字化展示：强调某一具体数字或统计结果，如"节省50%的时间""7天快速见效"。

疑问式设计：可以结合用户疑问设计标题，如"为什么90%的人在2周内看到了效果？"

例如：

"3步让你的皮肤焕发光彩，5分钟即可见效！"

"如何在7天内摆脱焦虑，5个科学方法让你轻松应对压力！"

▶ 引发好奇心与悬念

好奇心是驱动用户点击的强大动力，在标题中巧妙地设置悬念、提出问题或运用挑战性语言，能够极大地激发用户的好奇心，促使他们渴望了解更多信息。以下是一些提示词示例。

请为以下产品/内容生成具有悬念和好奇心的标题。

核心问题：设置引人好奇的问题，如"你知道这款产品为何如此火爆吗？"

挑战性语言：用挑战性的语言吸引用户参与，如"敢试试这款挑战极限的产品吗？"

引发悬念：为标题设计悬念，让用户期待答案如"这款产品究竟藏着什么秘密？"

例如：

"这款护肤品，为什么让成千上万的用户都疯狂追捧？"

"你敢尝试这一极限健身挑战吗？结果超出想象！"

▶ 整合平台热词与流行趋势

结合小红书的流行趋势与热门话题标签来设计标题，是提升内容相关性和曝光度的有效策略。创作者应紧跟平台热搜、热门话题，以及用户讨论热点，巧妙地将这些元素融入标题中。以下是一些提示词示例。

请根据当前热词和趋势生成一个标题。

热门话题标签：指定当前流行的标签，如#新发现#突破极限#护肤秘籍。

热搜趋势：结合热搜榜或近期热点事件，抓住潮流元素。

受众关注的趋势：根据用户当前关注的热门话题进行标题创作。

例如：

"#美妆必看#打造无瑕肌肤的护肤秘密，3步就能见效！"

"最近爆火的[产品名称]，如何迅速提高你的工作效率？"

▶ 情感化引导与用户体验

情感驱动的标题对于吸引那些情感需求强烈的用户群体尤为有效。通过在标题中融入情感化表达，创作者能够迅速触及用户的内心，引发共鸣，进而提升内容的点击率和用户的分享意愿。提示词示例如下。

请为以下情感驱动型内容生成标题。

情感基调：设置标题的情感调性，如"轻松愉悦""安心放心"。

用户需求：了解用户的情感需求，如"缓解焦虑""提升自信"。

共鸣点设计：引导用户共鸣，提供情感支持或解决方案。

例如:

"让你告别焦虑,3步恢复自信,重新找回生活的节奏。"

"你也可以拥有完美肌肤,试试这款改变人生的护肤品。"

4.1.3 图文内容创作:天津静园手绘笔记

在小红书平台上,图文内容的质量对用户的互动率和传播力具有直接影响。通过深入挖掘平台特性,并结合视觉与文案的精心策划,创作者能够显著提升内容的吸引力及传播效果。以下以"天津静园手绘笔记"为例,详细阐述如何利用DeepSeek辅助小红书图文内容的创作,旨在凸显静园的旅游魅力与文化底蕴,同时展现创作者手绘图像的艺术魅力,以吸引小红书上热爱旅行的年轻用户群体(特别是20~40岁注重生活品质的受众)的关注与互动。

1. 案例背景

天津静园,始建于20世纪初,坐落于天津市和平区,是天津近代历史文化的重要标志。静园以其独特的欧式建筑风格与中西合璧的庭院设计而著称,园区内绿树葱茏、花卉争艳,融合了中式园林的温婉与西式建筑的典雅,加之丰富的历史故事,吸引着络绎不绝的游客前来探访,沉浸于其深厚的历史文化氛围,领略其精湛的建筑艺术。

手绘风格的笔记,凭借生动的手绘图像与匠心独运的文案,生动展现了静园的旅游精华与文化底蕴,成为推广天津旅游、提升静园知名度的绝佳媒介。如图4-1所示,手绘作品画面精美绝伦、栩栩如生,不仅凸显了静园的建筑特色,更激发了用户前往静园打卡、分享旅行体验的热情。

图4-1

2. 使用提示词模板生成标题

标题作为吸引用户点击的首要元素,在旅游类笔记中尤为重要,尤其是像"天津静园手绘内容"这样的主题。一个优秀的标题不仅要具备视觉冲击力,还要蕴含丰富的文化吸引力。借助DeepSeek的提示词设计功能,创作者可以快速生成符合小红书平台特色、易于引发用户兴趣的爆款标题。这些标题将着重展现静园的旅游与文化特色,同时凸显手绘风格的独特艺术魅力,效果如图4-2所示。

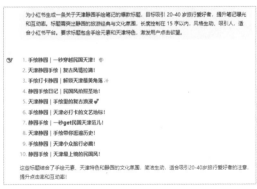

图4-2

为小红书生成一条关于天津静园手绘笔记的爆款标题,目标吸引20～40岁旅行爱好者,提升笔记曝光和互动率。标题需突出静园的旅游经典与文化氛围,长度控制在15字以内,风格生动、吸引人,适合小红书平台。要求标题包含手绘元素和天津特色,激发用户点击欲望。

3. 使用提示词生成笔记主体内容

在小红书平台上，图文笔记的主体内容需融合生动的文案，以吸引用户深入阅读并积极参与互动。针对"天津静园手绘笔记"这一主题，内容应着重突出静园的旅游价值、手绘的艺术表现力，并巧妙融入行动号召，以激发用户的探索欲望和分享热情。以下是利用DeepSeek生成的200字图文内容示例，旨在贴近小红书用户的阅读习惯，提升内容的传播力和互动率，效果如图4-3所示。

> 为小红书生成一条关于天津静园手绘笔记的主体内容，提升笔记收藏和分享率。输出200字内容，结构包括：引言(30字，激发兴趣)、核心描述(140字，介绍静园的旅游经典与文化氛围，本张手绘图特点)、行动号召(30字，鼓励用户收藏、分享或打卡静园)。要求内容生动、具有文化气息，适合小红书旅游种草笔记，强调互动性，同时突出静园作为天津旅游经典的地位。

图4-3

4. 使用提示词生成适合的10个标签

在小红书平台上，标签扮演着提升内容搜索曝光和热点推荐概率的重要角色。对于"天津静园手绘笔记"这一主题，精心挑选的标签能够结合静园的旅游特色、文化氛围，以及手绘元素，有效提升笔记在搜索和话题中的分发权重。以下是利用DeepSeek生成的10个简洁、实用的标签，旨在优化内容的分发效果，效果如图4-4所示。

> 为小红书生成10个适合天津静园手绘笔记的标签，提升笔记搜索曝光和互动率(标签应属于小红书平台的已有热门标签，不要自己新建标签)。标签需结合静园的旅游特色、文化氛围和手绘元素，长度控制在8字以内，风格简洁、有吸引力，适合小红书平台的内容分类和热点推荐，同时突出天津旅游和静园的经典地位。

图4-4

4.2 短视频内容生成

抖音，作为短视频自媒体的杰出代表，凭借其快节奏、高互动的内容特性，成功吸引了全球范围内的广泛关注。在抖音平台上，短视频内容的成功与否，很大程度上取决于其文案的吸引力、脚本的流畅度，以及视频呈现的质量。DeepSeek智能平台的引入，为创作者提供了强大的支持，不仅能够生成精准的短视频文案和结构化脚本，还能与即梦等工具无缝对接，实现高效视频内容的创作。

本节将深入探讨DeepSeek在抖音短视频内容生成中的具体应用，包括短视频文案的提示词设计、脚本的优化策略，以及它与即梦协作生成视频的高效流程，旨在揭示DeepSeek如何助力创作者在抖音平台上提升短视频的播放量、互动率和商业价值，为自媒体短视频创作领域注入一股强大的技术驱动力。

4.2.1　DeepSeek生成短视频文案

在短视频平台，文案的吸引力至关重要，特别是在抖音这样的快节奏环境中，文案需要在极短的时间内抓住观众的注意力。DeepSeek作为一款智能创作工具，能够帮助创作者生成精炼且富有吸引力的文案。通过分析热门短视频文案的特点和用户偏好，DeepSeek能够智能推荐符合平台调性的文案选项，使创作者在短时间内高效传递核心信息，并增强观众的参与度。

1. 抖音短视频文案的核心特征

抖音作为一个视觉主导的短视频平台，要求文案必须迅速吸引观众注意，并在极短的时间内有效传达信息。其核心特征如下。

视觉冲击力：抖音用户对视觉元素极为敏感，因此视频的第一印象至关重要。文案需与视觉效果紧密配合，通过精炼的文字激发用户点击观看的兴趣。

短平快：鉴于抖音视频的时长限制，文案必须简洁明了，快速传达核心信息。短小精悍的文案能够迅速吸引观众注意，留下深刻印象。

情绪化表达：情感内容往往能引发用户强烈的情感共鸣。因此，富有情感的文案更容易触动人心，提升视频的互动率。

互动引导：抖音平台积极鼓励用户参与互动，如评论、点赞和分享。因此，文案需设计得具有互动性，巧妙引导观众积极参与，增强视频的活跃度。

2. 抖音算法与AI的应对策略

抖音的推荐机制中，"三秒跳出率"是一个极为关键的指标，它要求内容必须在极短的时间内触发用户的情绪反应。为了适配这一算法，DeepSeek采取了如下策略。

视觉化语言转译：DeepSeek能够将抽象的概念转化为具象的场景描述，使得内容更加生动、直观，从而更容易吸引用户的注意力。

情绪密度量化：DeepSeek通过为情感关键词分配权重(例如，"震惊"和"泪目"等关键词可能占据20%的权重)，来确保开场句具有足够的情绪冲击力。这种量化处理能够使内容在第一时间抓住用户的情感，降低跳出率。

以开箱产品为例，DeepSeek设计出了一套提示词模板。这套模板能够引导创作者以更具吸引力的方式描述产品，从而在"三秒生死线"内成功吸引并留住用户。

以"三秒跳出率"为核心指标，要求文案内容在极短时间内触发用户情绪。

解析"开箱"场景的视觉元素(拆封动作、产品特写、效果对比)，以文案形式讲解。

列出此主题匹配抖音热门BGM数据库(选择近期上升趋势的轻快音乐)。

植入互动话术文案。

输出符合"产品展示+悬念设置+互动引导"结构的短视频文案。

3. 三维度提示词设计法

为了瞬间激活观看者的感官并延长其停留时间，我们可以从情感、信息和互动3个维度出发，精心设计提示词模板。

> 使用以下3个维度进行抖音文案设计。
>
> 情感维度：在文案中植入3个情感爆发点，间隔不超过5秒。
>
> 信息维度：[痛点场景]+[解决方案]+[效果证明]+[限时行动]。例如，"汗湿衣领的尴尬→止汗喷雾3秒速干→实验室对比数据→今日直播间半价"。
>
> 互动维度：生成选择题互动。例如，"选A去云南旅行，选B吃重庆火锅，你的五一计划是？"根据背景信息植入损失厌恶。例如，"刷走这条，你会错过2024最火打卡地！"

提示 | X轴——情感强度、Y轴——信息密度、Z轴——互动深度，通过三维矩阵确定文案。

4.2.2　DeepSeek生成短视频脚本

在短视频创作日益繁荣的今天，如何高效、精准地生成符合平台特性和用户喜好的脚本，成为众多创作者关注的焦点。DeepSeek，作为一款依托大型语言模型(LLMs)的智能创作工具，以其强大的语义理解能力和精准的内容适配性，为短视频脚本生成提供了全新的解决方案。

1. DeepSeek生成短视频脚本的核心技巧与优势

DeepSeek，凭借其依托的大型语言模型(LLMs)所具备的出色语义理解能力，为创作者提供了生成精准且贴合平台需求的短视频脚本的强大支持。通过对用户输入的提示词进行深入分析，DeepSeek能够精准把握平台内容的核心逻辑，从而确保所生成的脚本既能激发观众的情感共鸣，又能与视觉元素和平台规则完美匹配，为短视频平台(如抖音)打造出高效且吸引人的内容。

DeepSeek在生成短视频脚本方面的核心技巧与优势，体现在以下几个关键方面。

▶ 垂直领域精准适配

DeepSeek具备出色的领域适应性，能够根据不同领域的需求，生成高度贴合特定场景特点的脚本。在文旅宣传和传统文化等短视频创作中，DeepSeek能够基于受众的兴趣和需求，自动整合地域特色、文化元素和历史背景，从而精准输出符合平台传播规则的高质量内容。例如，当用户输入"生成20秒抖音短视频，推广陕西古城西安"的提示词时，DeepSeek能够迅速捕捉陕西的文化特色、历史背景，以及春节的节日等元素，自动生成既展现西安文化底蕴，又能触动观众情感的短视频脚本，进而提升视频的观看率和分享率。

▶ 高效的多模态联动

DeepSeek的功能不仅局限于文案创作，它还能与剪映等短视频编辑平台实现深度结合。通过提示词，DeepSeek能够生成与短视频情节紧密相连的视觉元素文字描述，这一功能极大地提升了创作者的工作效率。创作者可以更加便捷地将脚本与视觉元素结合，从而打造出更加生动、吸引人的短视频内容。

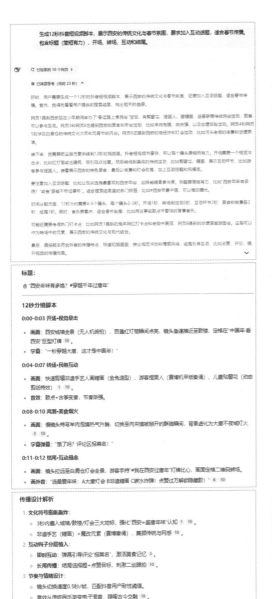

图4-5

2. 操作流程详解

使用DeepSeek进行短视频脚本生成时，为了获得更加精准和高效的输出，创作者可以巧妙地运用一系列提示词设计公式。这些公式旨在引导创作者更加清晰地表达创意意图，从而帮助DeepSeek更好地理解并生成符合需求的短视频脚本。

> 角色设定+场景描述+核心卖点+情感共鸣点+平台规则适配

1 生成文旅宣传脚本(陕西西安)。此时可以输入与主题相关的提示词，生成结果如图4-5所示。

> 生成12秒抖音短视频脚本，展示西安的传统文化与春节氛围，要求加入互动话题，适合春节传播。
> 包含标题(简短有力)、开场、转场、互动和结尾。

2 剪映图文成片。进入剪映，单击"图文成片"选项，如图4-6所示。

图4-6

3 在剪映平台进行视频编辑，若已有DeepSeek输出的脚本，直接单击左上角的"自由编辑文案"选项即可，如图4-7所示。

4 粘贴DeepSeek输出的脚本，单击右下角的"生成视频"选项菜单，选择"智能匹配素材"选项，如图4-8所示。

5 稍作等待，即可显示自动生成的视频，如图4-9所示。

图4-7

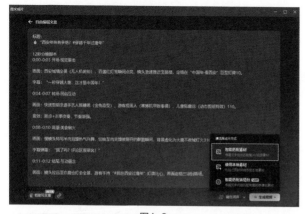

图4-8

此视频还需进一步打磨和优化。首先，针对视频时长超出12秒的问题，需进行删减和调整，确保时长符合要求。其次，部分图片虽与文字相匹配，但与整体主题未完全契合，需替换为更贴切的素材。同时，视频内容在形式上缺乏变化，部分内容为视频而部分仅为图片，且衔接处缺乏转场效果，需增加转场变化以提升观感。最后，字幕中带有脚本中的时间字符，需进行整理，并根据脚本的情感基调选择合适的字幕特效以增强表现力。此外，配音方面可考虑使用AI配音进行优化，若脚本涉及方言或特定语言，剪映的"语音合成"功能可提供具有地方特色的语音风格，使配音更加贴合视频内容。通过以上调整，视频的流畅性和逻辑性可得到显著提升。

3. 常见问题与解决方案

问题：生成的脚本过于模板化，缺乏创新。

解法：可以在提示词中加入"反常识元素"，或者设定独特的视角。例如：

> 生成一条春节广告脚本，要求打破传统"年味"套路，突出非传统春节习俗。

图4-9

4.2.3 DeepSeek联动即梦生成视频

随着短视频平台的蓬勃发展，DeepSeek与即梦的联合使用为创作者提供了一条从文本到视觉内容的全链条生成路径，极大地提升了创作效率与内容质量。DeepSeek专注于为视频创作提供详尽的提示词生成服务，而即梦则擅长将这些提示词巧妙地转化为精彩的视觉内容。利用DeepSeek和即梦联动生成短视频的具体流程如下。

1. 生成适用于即梦的提示词

运用AI视频镜头描述万能提示词公式，生成效果如图4-10所示。

请帮我生成适用于即梦AI视频生成的提示词，其中需要包含：［镜头类型］+［主体］+［动作］+［细节］+［光照］+［色彩］+［构图］+［风格］+［情感］+［环境］。

生成的主题内容为：传统建筑工艺榫卯制作镜头，提示词整合为一个段落。

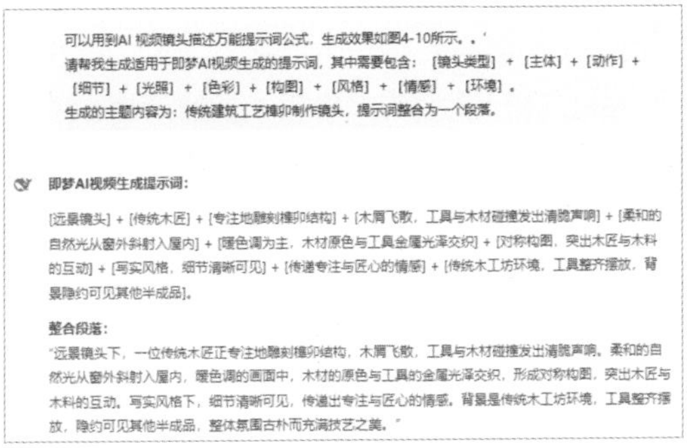
可以用到AI 视频镜头描述万能提示词公式，生成效果如图4-10所示。。'
请帮我生成适用于即梦AI视频生成的提示词，其中需要包含：［镜头类型］+［主体］+［动作］+［细节］+［光照］+［色彩］+［构图］+［风格］+［情感］+［环境］。
生成的主题内容为：传统建筑工艺榫卯制作镜头，提示词整合为一个段落。

即梦AI视频生成提示词：

[远景镜头] + [传统木匠] + [专注地雕刻榫卯结构] + [木屑飞散，工具与木材碰撞发出清脆声响] + [柔和的自然光从窗外斜射入屋内] + [暖色调为主，木材原色与工具金属光泽交织] + [对称构图，突出木匠与木料的互动] + [写实风格，细节清晰可见] + [传递专注与匠心的情感] + [传统木工坊环境，工具整齐摆放，背景隐约可见其他半成品]。

整合段落：

"远景镜头下，一位传统木匠正专注地雕刻榫卯结构，木屑飞散，工具与木材碰撞发出清脆声响。柔和的自然光从窗外斜射入屋内，暖色调的画面中，木材的原色与工具的金属光泽交织，形成对称构图，突出木匠与木料的互动。写实风格下，细节清晰可见，传递出专注与匠心的情感。背景是传统木工坊环境，工具整齐摆放，隐约可见其他半成品，整体氛围古朴而充满技艺之美。"

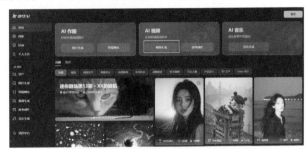

图4-10

2. 即梦AI视频生成解析

借助即梦平台，输入DeepSeek的提示词，可一键生成高质量视频，让创作更高效。

1 访问即梦官网(https://jimeng.jianying.com/)，进入AI视频生成界面。在中间的“AI视频”栏中单击“视频生成”按钮，如图4-11所示。

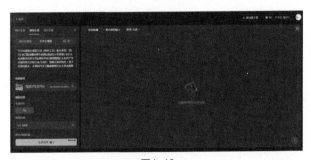

图4-11

2 在“视频生成”选项卡中，选择“文本生视频”选项，输入DeepSeek提供的提示词，设置“视频模型”为“视频 P2.0 Pro”，其他参数均设置为默认，如图4-12所示。

图4-12

3 单击“生成视频”按钮，即可获得精美的视频，效果如图4-13所示。

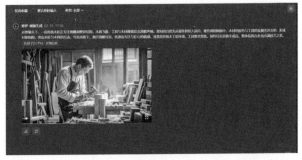

图4-13

4.3 用DeepSeek辅助生成风格化短视频

每位电影大师都有其独树一帜的风格。例如，王家卫以其独特的视觉美学、非线性叙事手法、诗意盎然的独白，以及深刻的情感张力，在影坛留下了不可磨灭的印记。本节将详细阐述如何利用DeepSeek的AI生成能力，结合王家卫的电影风格特点，创作一部具有浓郁王家卫风格的短视频。

1. 解析视频的核心元素

视频作品作为视听艺术的结晶，其核心元素在塑造作品风格和传达深层意义方面起着至关重要的作用。以下是对视频核心元素的详细解析。

视觉特征：视频作品的视觉特征尤为显著，高饱和度的冷暖色调对比(如蓝绿与橙红的鲜明反差)为观众带来强烈的视觉冲击。这种色彩运用不仅增强了画面的表现力，还巧妙地营造出特定的情感氛围。此外，慢镜头和抽帧效果的运用使得画面更加细腻且富有动感，光影层次感的精心布局则进一步提升了画面的立体感和深度，引导观众深入探索视频的世界。

叙事特点：在叙事方面，视频作品往往打破传统的线性叙事框架，采用碎片化的情节结构来构建故事。这种叙事方式使得情节之间充满跳跃性，观众需要在脑海中自行拼凑故事的碎片，从而更加深入地理解作品的内涵。同时，时间与记忆的错位，以及人物内心独白的穿插，为作品增添了一种神秘而深刻的韵味，让观众在品味中感受到时间的流转和人物内心的波动。

音乐与节奏：音乐与节奏是视频作品中不可或缺的元素。爵士乐或电子氛围音乐的运用赋予作品独特的音乐风格，与长镜头和快速剪辑的交替使用相得益彰。这种音乐与画面的完美结合，不仅营造出一种独特的节奏感，还让观众在音乐的引领下更加深入地沉浸于视频的氛围之中。

文本风格：视频作品的文本风格同样独具特色。哲理性的台词不仅丰富了作品的内涵，还让观众在思考中感受到作品所传递的深刻思想。模糊的时间与空间描述，如经典电影《重庆森林》中的表现手法，给观众留下了一种超脱现实的梦幻感。这种文本风格的运用，不仅增强了作品的诗意和美感，还为观众提供了更加广阔的想象空间。

2. 短视频生成操作详解

1 生成视频提示词脚本。将提示词模板输入DeepSeek并强调王家卫风格，生成结果如图4-14所示。

> 请帮我生成适用于AI视频生成的提示词，其中需要包含：［镜头类型］+［主体］+［动作］+［细节］+［光照］+［色彩］+［构图］+［风格］+［情感］+［环境］。还要加入王家卫风格相关内容，构思出一组提示词并合并为一段。

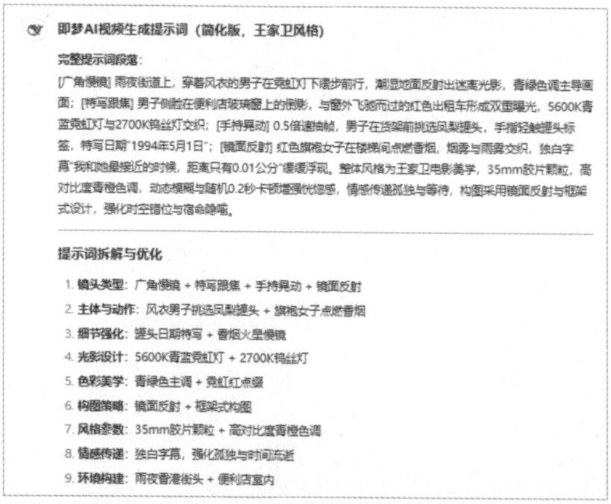

即梦AI视频生成提示词（简化版，王家卫风格）

完整提示词段落：

[广角慢镜] 雨夜街道上，穿着风衣的男子在霓虹灯下缓步前行，潮湿地面反射出迷离光影，青绿色调主导画面；[特写跟焦] 男子侧脸在便利店玻璃窗上的倒影，与窗外飞驰而过的红色出租车形成双重曝光，5600K青蓝霓虹灯与2700K钨丝灯交织；[手持晃动] 0.5倍速抽帧，男子在货架前挑选凤梨罐头，手指轻触罐头标签，特写日期"1994年5月1日"；[镜面反射] 红色旗袍女子在楼梯间点燃香烟，烟雾与雨雾交织，独白字幕"我和她最接近的时候，距离只有0.01公分"缓缓浮现。整体风格为王家卫电影美学，35mm胶片颗粒，高对比度青橙色调，动态模糊与随机0.2秒卡顿增强恍惚感，情感传递孤独与等待，构图采用镜面反射与框架式设计，强化时空错位与宿命隐喻。

提示词拆解与优化

1. **镜头类型**：广角慢镜 + 特写跟焦 + 手持晃动 + 镜面反射
2. **主体与动作**：风衣男子挑选凤梨罐头 + 旗袍女子点燃香烟
3. **细节强化**：罐头日期特写 + 香烟火星慢镜
4. **光影设计**：5600K青蓝霓虹灯 + 2700K钨丝灯
5. **色彩美学**：青绿色主调 + 霓虹红点缀
6. **构图策略**：镜面反射 + 框架式构图
7. **风格参数**：35mm胶片颗粒 + 高对比度青橙色调
8. **情感传递**：独白字幕，强化孤独与时间流逝
9. **环境构建**：雨夜香港街头 + 便利店室内

图4-14

2 将生成的4种镜头类型，拆解为适用于Midjourney生成图像的4个提示词，并附上英文版本，结果如图4-15所示。

Midjourney 提示词（英文版，王家卫风格）

镜头 1：广角慢镜 · 雨夜街道

提示词：
"Wide angle slow motion shot of a rainy night street, a man in a trench coat walking slowly under neon lights, wet ground reflecting blurry lights, dominated by teal green tones, cinematic lighting with high contrast, Wong Kar-wai style, 35mm film grain, --ar 16:9 --style cinematic --v 5"

镜头 2：特写叠化 · 便利店倒影

提示词：
"Close-up shot of a man's face reflected on a convenience store window, double exposure with a red taxi speeding by outside, 5600K teal neon lights mixed with 2700K tungsten light, high contrast color grading, Wong Kar-wai aesthetic, 35mm film texture, --ar 16:9 --style raw --chaos 30"

镜头 3：手持晃动 · 挑选凤梨罐头

提示词：
"Handheld shaky shot of a man picking a pineapple can on a shelf, 0.5x slow motion with frame drops, fingers touching the label with a close-up of the date 'May 1, 1994', warm tungsten lighting, teal and orange color palette, Wong Kar-wai film style, 35mm grain, --ar 16:9 --style cinematic --motion blur 3"

镜头 4：镜面反射 · 旗袍女子点烟

提示词：
"Mirror reflection shot of a woman in a red cheongsam lighting a cigarette on a staircase, smoke blending with rain, subtitle 'The closest distance between us was just 0.01 cm' fading in, teal and orange color grading, high contrast, Wong Kar-wai cinematic style, 35mm film grain, --ar 16:9 --style raw --chaos 40"

图4-15

图4-16

图4-17

图4-18

3 将DeepSeek生成的提示词输入Midjourney，生成各镜头图像，效果如图4-16所示。

4 进入即梦AI，单击"故事创作"按钮，如图4-17所示。

5 单击"批量导入分镜"选项，单击"从本地上传"选项，选择Midjourney生成的4张图像，如图4-18所示。

6 按脚本依次选择镜头并输入提示词，风格提示词不变，其他设置保持默认，单击"生成视频"按钮即可，如图4-19所示。

图4-19

提示

其后可导入剪映进行更细致的剪辑、转场和特效调整，并加入字幕和音乐。

4.4 本章小结

本章全面而深入地探讨了DeepSeek在自媒体行业中的广泛应用，特别聚焦于其在图文与短视频内容自动生成方面的卓越表现。通过详尽的分析，我们揭示了DeepSeek在自媒体内容创作中所展现的高效性和创新性。

具体而言，我们详细阐述了DeepSeek如何通过智能提示词的设计与工具间的联动，生成高质量的图文与短视频内容。这一过程不仅极大地提升了内容的创作效率，更显著地增强了内容的曝光度、互动性和商业价值。实战案例的展示，进一步凸显了DeepSeek在辅助创作者打造独特风格内容方面的巨大潜力，为自媒体内容的创意边界带来了全新的拓展。

通过这些实践，DeepSeek不仅为自媒体内容的创作者提供了更为高效、便捷的创作手段，还为他们带来了多样化的创作策略和工具选择。这有力地推动了自媒体内容在传播力和商业价值上的双重突破，为整个行业注入了全新的技术活力与发展动力。展望未来，DeepSeek的应用前景将更加广阔，其在自媒体行业中的作用也将愈发凸显。

4.5 课后练习

▶ 练习1：小红书图文内容优化

根据某美妆产品的小红书笔记历史数据，分析其标题和内容特点。设计一个优化后的提示词，目标为吸引18~30岁的女性用户，提升互动率。利用DeepSeek生成一条新标题(20字以内)和一篇200字的图文内容，突出产品亮点(如保湿效果)和行动号召(如"点击购买，享8折优惠")。

▶ 练习2：抖音短视频文案与脚本设计

为抖音生成一篇15秒的美食短视频文案和脚本提示词，目标为吸引18~30岁的美食爱好者，提升播放量和互动率。利用DeepSeek生成内容，描述画面和旁白，并分析如何优化提示词以增强视频吸引力。

第5章
DeepSeek助力高效代码开发与优化

在当今人工智能领域的快速发展中，DeepSeek作为一款先进的深度学习工具，正在逐步改变AI编程的传统方式。凭借强大的算法优化能力和高效的搜索策略，DeepSeek在大规模数据处理、模式识别及各类优化任务中展现出了显著的优势。通过采用创新的多模态语义解析技术，DeepSeek能够将自然语言的需求精准地转化为可执行的代码框架，不仅能够在函数级别实现精准的补全，还能够从系统层面为架构设计提供优化建议。而DeepSeek与Cursor或Visual Studio Code等开发软件的结合，将进一步构建强大的自动编程工具，极大地提升程序员的编程效率。

本章将详细讲解DeepSeek在编程领域的实际应用，探讨DeepSeek如何为程序员的工作带来便利，介绍DeepSeek在代码生成、为代码添加注释、解释代码功能及检查代码错误等方面的具体应用，为后续章节的学习提供坚实的理论基础和实践指导。

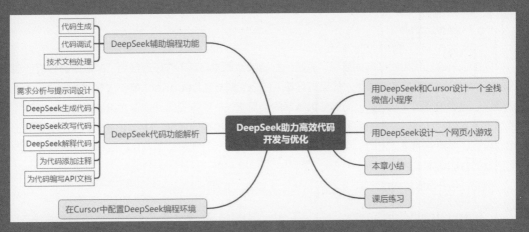

5.1　DeepSeek辅助编程功能

DeepSeek在AI编程领域展现出强大的辅助能力，显著提升了开发效率与代码质量。它利用自然语言理解技术，将开发者描述的需求转化为可执行的代码框架，实现了"需求即代码"的智能生成。同时，DeepSeek具备精准的代码补全功能，能够基于上下文预测并生成函数、类或模块级代码，有效减少了重复性工作。此外，它还具备智能调试能力，能迅速定位代码中的错误并提供修复建议。在架构设计层面，DeepSeek能够深入分析代码结构，提出优化方案，助力开发者构建更加高效的系统。通过持续学习机制，DeepSeek还能根据开发者的编程习惯提供个性化支持，真正成为开发者的智能编程助手。

5.1.1　代码生成

DeepSeek的代码生成能力得益于其强大的预训练语言模型和上下文感知技术。通过对海量开源代码库的学习，DeepSeek掌握了编程语言的语法结构、常见模式，以及业务逻辑的语义关联。在代码生成时，它结合自然语言描述和上下文信息，利用Transformer架构进行多层次的语义解析，从而生成既符合语法规范又具备完整功能的代码片段。这种能力不仅限于简单的代码补全，还能生成复杂的函数、类乃至模块级代码，极大地提升了开发效率。同时，DeepSeek支持多语言代码生成，并能根据开发者的反馈持续优化生成质量，成为AI编程中不可或缺的得力助手。

利用DeepSeek进行代码生成时，开发者只需直接将清晰的需求提供给大模型。例如提示词为：

> 请帮我编写一个网页版的五子棋程序，该程序需能在主流浏览器上运行，且所有代码都集成在一个HTML文件中。

5.1.2　代码调试

DeepSeek在代码调试方面展现了卓越的智能辅助能力，其工作原理结合了静态代码分析与动态执行模式，利用深度学习模型对代码进行深入的语义解析。DeepSeek能够快速而准确地定位语法错误、逻辑缺陷和性能瓶颈，同时提供精确的修复建议。它不仅擅长识别常见的错误模式，还能通过上下文理解推断出潜在的问题，甚至预测运行时可能出现的异常。DeepSeek的作用不仅限于错误检测，更重要的是，它能提供优化建议，助力开发者提升代码质量与执行效率，是编程领域不可或缺的智能调试助手。

例如，当开发者输入提示词：

> 下面这段代码的时间复杂度太高，且没有处理边界情况，请先解释这段代码的问题与解决方法，然后进行优化。
> ```
> ////
> Code
> ////
> ```

DeepSeek便会立即对指定的代码段进行调试，详细阐述代码存在的问题，给出优化的理由和具体方案。

5.1.3　技术文档处理

DeepSeek在代码技术文档的撰写上展现了出色的自动化生成能力，其核心在于深度理解代码结构、注释及上下文语义，并结合自然语言生成技术，自动生成既清晰又准确的技术文档。DeepSeek能够精准提取代码中的关键逻辑、函数接口及模块关系，将其转化为易于理解的文档内容，涵盖API说明、使用示例及架构概述等关键信息。这不仅大幅提升了文档撰写的效率，还确保了文档与代码的实时同步，有效降低了维护成本。因此，DeepSeek为开发者提供了高效、可靠的文档支持，成为AI编程领域不可或缺的重要辅助工具。

例如，当开发者输入提示词：

```
请为下面的代码写一个API文档。
////
Code
////
```

DeepSeek便会立即分析指定代码，并返回相应的API文档。

5.2　DeepSeek代码功能解析

DeepSeek在AI编程领域实现了众多突破性功能，极大地提升了开发效率与代码质量。它支持智能代码生成，能够依据自然语言描述或上下文信息，自动生成高质量的代码片段。同时，DeepSeek具备强大的智能调试能力，可以快速定位代码中的错误并提供精准的修复建议。它还能自动化生成技术文档，将复杂的代码逻辑转化为清晰、易于理解的文档内容。在架构设计方面，DeepSeek能够深入分析代码结构，提出有效的优化方案。此外，凭借多语言支持和持续学习的机制，DeepSeek能够适应多样化的开发场景，并不断优化自身性能，真正成为AI编程中的全能型助手。

5.2.1　需求分析与提示词设计

在DeepSeek的AI编程应用中，提示词设计扮演着实现高效人机交互的核心角色。提示词作为开发者与DeepSeek之间沟通的桥梁，其设计的精准度直接决定了代码生成的效果与质量。

为了最大化利用DeepSeek的代码生成潜能，提示词设计应遵循以下原则：

首先，提示词需力求清晰明确，具体描述需求的目标、预期的输入输出，以及任何相关的约束条件。例如，使用"请编写一个Java函数，该函数的功能是计算两个整数的最大公约数"的提示词，相较于"请写一个数学函数"的提示词，显然更具指导性和明确性。

其次，提示词中可以融入上下文信息，如指定的编程语言、框架或库的使用要求，这有助于DeepSeek更准确地把握需求的全貌。

最后，提示词的设计应注重结构化表达，对于复杂逻辑的需求，可以通过分步骤描述的方式，引导DeepSeek逐层深入解析，从而生成更加贴合需求的代码。

在书写提示词时，可遵循前面章节所述的方法，即包含指令、上下文和期望三个基本结构。同时，针对AI编程的特殊性，还需掌握一些额外的提示词书写技巧。例如，明确指定输出格式，以适应某些程序对依赖程序的需求；当需要将多个程序整合在一起时，可通过分步骤提问的方式，逐步引导DeepSeek完成复杂需求的实现；此外，为AI赋予特定的身份(如"编程领域的专家")，有助于增强其理解和响应的精准度。

以下是一个优化后的提示词范例：

这是一个基于uni-app+vue2框架的微信小程序，请帮我在主页创建一个用户意见反馈的表单，同时美化整个页面的设计，添加圆角和多种颜色渐变的效果，要求简约自然，颜色协调统一。

5.2.2　DeepSeek生成代码

DeepSeek能够根据用户的需求生成功能完善的代码。例如，当我们输入提示词："请帮我用HTML生成一个用户使用反馈表单，所有代码都保存在一个HTML中。"DeepSeek便会迅速生成相应的HTML代码，这段代码无须额外修改即可直接在网页中运行。

如果用户对初次生成的代码结果不甚满意，可以进一步细化需求。例如，输入更具体的提示词："请帮我在主页创建一个用户意见反馈的表单的前端页面，同时美化整个页面的设计，添加圆角和多种颜色渐变的效果，要求简约自然，颜色协调统一，所有代码都写在HTML文件中。"随后只需等待DeepSeek的返回结果。通过单击"在HTML中运行"按钮，便可以直观地看到优化后的表单页面，它不仅满足了我们的功能需求，还在视觉上达到了预期的美化效果，如图5-1所示。

图5-1

系统帮我们书写的代码如下：

```
<!DOCTYPE html>
<html lang="zh-CN">
<head>
    <meta charset="UTF-8">
    <meta name="viewport" content="width=device-width, initial-scale=1.0">
    <title>用户意见反馈</title>
    <style>
        body {
            font-family: 'Segoe UI', Tahoma, Geneva, Verdana, sans-serif;
            background: linear-gradient(135deg, #f5f7fa, #c3cfe2);
            display: flex;
            justify-content: center;
            align-items: center;
            height: 100vh;
            margin: 0;
        }

        .feedback-container {
            background: white;
            padding: 2rem;
            border-radius: 15px;
            box-shadow: 0 4px 15px rgba(0, 0, 0, 0.1);
            width: 100%;
```

```css
    max-width: 400px;
}

.feedback-container h2 {
    text-align: center;
    color: #333;
    margin-bottom: 1.5rem;
    font-size: 1.8rem;
}

.feedback-container label {
    display: block;
    margin-bottom: 0.5rem;
    color: #555;
    font-size: 1rem;
}

.feedback-container input[type="text"],
.feedback-container input[type="email"],
.feedback-container textarea {
    width: 100%;
    padding: 0.8rem;
    margin-bottom: 1rem;
    border: 1px solid #ddd;
    border-radius: 8px;
    font-size: 1rem;
    color: #333;
    transition: border-color 0.3s ease;
}

.feedback-container input[type="text"]:focus,
.feedback-container input[type="email"]:focus,
.feedback-container textarea:focus {
    border-color: #6a82fb;
    outline: none;
}

.feedback-container textarea {
    resize: vertical;
    height: 120px;
}
.feedback-container button {
    width: 100%;
    padding: 0.8rem;

    background: linear-gradient(135deg, #6a82fb, #fc5c7d);

    border: none;
    border-radius: 8px;
    color: white;
    font-size: 1rem;
    cursor: pointer;
    transition: background 0.3s ease;
}

.feedback-container button:hover {
```

```
            background: linear-gradient(135deg, #fc5c7d, #6a82fb);
        }

        .feedback-container button:active {
            transform: scale(0.98);
        }
    </style>
</head>
<body>
    <div class="feedback-container">
        <h2>用户意见反馈</h2>
        <form>
            <label for="name">姓名</label>
            <input type="text" id="name" name="name" placeholder="请输入您的姓名"
required>

            <label for="email">邮箱</label>
            <input type="email" id="email" name="email" placeholder="请输入您的
邮箱" required>

            <label for="message">反馈内容</label>
            <textarea id="message" name="message" placeholder="请输入您的反馈内容"
required></textarea>

            <button type="submit">提交反馈</button>
        </form>
    </div>
</body>
</html>
```

生成的界面效果，如图5-2所示。

图5-2

提示 当观察到AI首次生成的程序存在一些问题(如输入框位置未居中)时，可以继续向AI提出优化需求。

5.2.3　DeepSeek改写代码

鉴于上一节生成的代码中，各输入框的位置并未居中，我们需要对代码进行相应的改写。在此前的提示词后继续提问，明确新的指示：

每个输入框的位置都不在中间，请调整。

DeepSeek会依据上下文信息，以及上一次生成的代码基础，对代码进行改写。改写完成后的代码将满足输入框居中的需求。

```
<!DOCTYPE html>
<html lang="zh-CN">
<head>
    <meta charset="UTF-8">
    <meta name="viewport" content="width=device-width, initial-scale=1.0">
```

```
<title>用户意见反馈</title>
<style>
    body {
        font-family: 'Segoe UI', Tahoma, Geneva, Verdana, sans-serif;
        background: linear-gradient(135deg, #f5f7fa, #c3cfe2);
        display: flex;
        justify-content: center;
        align-items: center;
        height: 100vh;
        margin: 0;
    }

    .feedback-container {
        background: white;
        padding: 2rem;
        border-radius: 15px;
        box-shadow: 0 4px 15px rgba(0, 0, 0, 0.1);
        width: 100%;
        max-width: 400px;
        text-align: center; /* 让内容居中 */
    }

    .feedback-container h2 {
        color: #333;
        margin-bottom: 1.5rem;
        font-size: 1.8rem;
    }

    .feedback-container label {
        display: block;
        margin-bottom: 0.5rem;
        color: #555;
        font-size: 1rem;
        text-align: left; /* 标签左对齐 */
    }

    .feedback-container input[type="text"],
    .feedback-container input[type="email"],
    .feedback-container textarea {
        width: 100%;
        padding: 0.8rem;
        margin-bottom: 1rem;
        border: 1px solid #ddd;
        border-radius: 8px;
        font-size: 1rem;
        color: #333;
        transition: border-color 0.3s ease;
        box-sizing: border-box; /* 确保宽度包含 padding */
    }

    .feedback-container input[type="text"]:focus,
    .feedback-container input[type="email"]:focus,
    .feedback-container textarea:focus {
        border-color: #6a82fb;
        outline: none;
    }
```

```
        .feedback-container textarea {
            resize: vertical;
            height: 120px;
        }

        .feedback-container button {
            width: 100%;
            padding: 0.8rem;
            background: linear-gradient(135deg, #6a82fb, #fc5c7d);
            border: none;
            border-radius: 8px;
            color: white;
            font-size: 1rem;
            cursor: pointer;
            transition: background 0.3s ease;
        }

        .feedback-container button:hover {
            background: linear-gradient(135deg, #fc5c7d, #6a82fb);
        }

        .feedback-container button:active {
            transform: scale(0.98);
        }
    </style>
</head>
<body>
    <div class="feedback-container">
        <h2>用户意见反馈</h2>
        <form>
            <label for="name">姓名</label>
            <input type="text" id="name" name="name" placeholder="请输入您的姓名"
required>

            <label for="email">邮箱</label>
            <input type="email" id="email" name="email" placeholder="请输入您的
邮箱" required>

            <label for="message">反馈内容</label>
            <textarea id="message" name="message" placeholder="请输入您的反馈内容"
required></textarea>

            <button type="submit">提交反馈</button>
        </form>
    </div>
</body>
</html>
```

DeepSeek还会指明哪些地方进行了修改。具体调整内容如下。

▶ 表单内容居中

在.feedback-container中添加text-align: center;，使表单内容整体居中。

标签(label)单独设置为左对齐(text-align: left;)，以确保标签文字与输入框对齐。

▶ 输入框宽度

输入框和按钮的宽度设置为100%，并添加box-sizing: border-box;，确保宽度包含内边距(padding)，避免超出容器。

▶ 整体布局

表单容器（feedback-container）的宽度限制为max-width: 400px;，确保在小屏幕上也能居中显示。

▶ 效果

调整完成的所有输入框和按钮都会在表单容器中居中显示，标签文字左对齐，整体布局更加美观和协调。

经过调整，界面中的文字已实现了居中，达到比较好的效果，如图5-3所示。

图5-3

5.2.4　DeepSeek解释代码

程序员在读代码的时候，大部分时间需要对代码进行解释，以此来帮助理解代码内容。

例如，根据上下文书写提示词，解释下面这段代码的逻辑，并说明完成了什么功能。

> 请将上面代码中HTML代码的\<body>到\</body>之间的代码进行解释。

DeepSeek返回的结果如下。

- \<body>：页面的主体部分，所有可见内容都放在这里。
- \<div class="feedback-container">：创建一个容器，用于包裹表单内容。
- \<h2>：显示表单标题"用户意见反馈"。
- \<form>：定义一个表单，用于收集用户输入。
- \<label>：为每个输入框提供标签，for属性与输入框的ID绑定。
- \<input>：用于输入文本和邮箱，type属性指定输入类型，placeholder提供输入提示，required 表示必填。
- \<textarea>：用于输入多行文本，resize属性允许用户调整高度。
- \<button>：提交按钮，点击后提交表单。

可以看到，HTML表单中的每个标签元素都进行了用途的解释，极大地提升了代码的可读性。这样的做法使得其他开发者在阅读代码时，能够迅速而清晰地理解每个标签所承担的功能和角色。

5.2.5　为代码添加注释

程序员在编写代码的时候，为了自己和其他阅读此程序的人更容易读懂程序，一般会给代码添加注释，用来标识某段代码或者函数的功能。

为代码增加注释，也是DeepSeek编程中的一大应用。例如，以下为斐波那契数列的一段代码：

```
def fib(n):
    if n <= 2:
        return n
    return fib(n - 1) + fib(n - 2)
```

此时，输入提示词：

> 给上面的代码添加注释。

可以看到，这段代码被加上了注释，DeepSeek返回的结果如下。

```
# 定义一个函数 fib，用于计算斐波那契数列的第 n 项
def fib(n):
    # 如果 n 小于或等于 2，直接返回 n
    # 这是递归的终止条件，确保递归不会无限进行
    if n <= 2:
        return n

    # 如果 n 大于 2，递归调用 fib(n-1) 和 fib(n-2)，并将结果相加
    # 这是斐波那契数列的核心定义：每一项等于前两项之和
    return fib(n - 1) + fib(n - 2)
```

通过注释，使用者可以更加清晰地理解代码的功能和逻辑，特别是递归算法的关键部分，如递归的终止条件和斐波那契数列的定义。这些注释有助于开发者在阅读代码时更快地把握核心逻辑，从而提高代码的可维护性和可读性。

5.2.6 为代码编写API文档

DeepSeek编程的一个显著用途在于为代码编写API文档。当程序员开发包含多个功能函数的模块时，为了详细阐述每个函数的使用方法、参数说明、返回值，以及可能抛出的异常等信息，他们会选择编写API文档。此时，DeepSeek便能够发挥重要作用。

例如，下面展示了斐波那契数列的代码段：

```
def fib(n):
    if n <= 2:
        return n
    return fib(n - 1) + fib(n - 2)
```

此时，输入提示词：

请针对上面的代码写一个该函数的API接口文档。

DeepSeek返回的API文档如下。

API文档

斐波那契数列计算函数

函数名称

fib(n)

功能描述

计算斐波那契数列的第n项。斐波那契数列的定义如下：

- 第1项为1。
- 第2项为2。
- 从第3项开始，每一项等于前两项之和。

示例

```
# 计算斐波那契数列的第 5 项
result = fib(5)
print(result)  # 输出：8
```

可以看到，DeepSeek生成的API文档详细阐述了斐波那契数列计算函数的功能、名称、描述及示例，便于开发者理解和使用。

5.3　在Cursor中配置DeepSeek编程环境

除了可以通过DeepSeek的网页端进行AI编程，更为便捷的方式是在编程工具中直接调用DeepSeek。这样，程序员在编写代码的过程中，可以即时提问并获取代码生成建议，直接在集成开发环境(IDE)中进行编译和运行，实现了实时的编程与调试。

图5-4

在集成开发环境中进行AI编程配置的主流方法有多种，其中VSCode+DeepSeek和Cursor+DeepSeek备受推崇。本节将专注于介绍如何通过调用DeepSeek，在Cursor中实现代码的自动化开发，即直接在Cursor中提问并获取编程帮助。

Cursor是一款功能强大的AI代码编辑器，其下载界面如图5-4所示。通过在该编辑器中配置DeepSeek，程序员可以享受到更加流畅和高效的编程体验。

图5-5

下载并安装Cursor，然后进行登录。在界面中，单击右上角的"设置"按钮，打开"设置"界面，在Models选择界面勾选deepseek-v3的大模型，取消勾选其他模型，这样就可以在编程中进行提问，如图5-5所示。

当需要使用DeepSeek进行提问时，按Ctrl+I组合键打开提问对话框，如图5-6所示，在对话框中输入提示词即可。

图5-6

在输入提示词后，可以看到提示词界面中自动生成了代码和说明。在右边的工作区域自动出现了代码，当代码生成结束后，单击蓝色的Accept file按钮，文件就会被保存。这样就完成了一个代码文件的生成，如图5-7所示。

图5-7

5.4 用DeepSeek和Cursor设计一个全栈微信小程序

本节将详细阐述如何利用DeepSeek和Cursor来构建一个功能完备的全栈微信小程序。该程序涵盖了前端UI界面、云函数、云数据库，以及后台管理界面，实现了微信小程序的全面自动化开发。程序员仅需进行配置和运行，代码编写工作可完全交由AI完成，真正达成了自动化编程的目标。本项目采用uniapp+vue2作为开发框架，旨在实现用户信息提交的功能，并成功将用户信息保存到后台数据库中，从而完成整个B/S架构的微信小程序流程。

在正式进入演示环节之前，我们先来了解一下本案例所需的软件和系统架构。本案例的核心软件包括HBuilder、Cursor，以及微信开发者工具。其中，HBuilder负责代码的编辑与程序的运行；Cursor用于调用DeepSeek进行AI编程；微信开发者工具用于程序的部署和模拟手机运行效果。读者可以在各官方网站轻松下载这些软件。

系统架构方面，本案例主要聚焦于前端与后端之间的交互。具体来说，就是前端页面如何接收用户输入，并通过云函数的处理，最终将数据存储到云数据库中。值得一提的是，本案例中的前端页面、云函数及云数据库表的建立，都是借助DeepSeek来完成的。

如图5-8所示，系统架构图清晰地展示了前端页面、云函数及云数据库之间的交互流程。用户在前端页面输入信息后，这些信息会被发送到云函数进行处理，并最终存储到云数据库中。整个过程中，DeepSeek发挥了至关重要的作用，它帮助我们高效地完成了代码的编写工作。

图5-8

1 启动HBuilder，新建一个项目。在创建过程中，选择默认模板作为起点，并为项目命名。确定选中"启用uniCloud"选项，并选择"阿里云"作为云类型。此外，在Vue版本选项中选择"版本2"。完成这些设置后，单击"创建"按钮，完成项目的创建，其结构如图5-9右侧所示。其中，前端界面位于pages\index\index.vue文件中，后端的云函数存放在cloudfunctions目录中，而数据库文件则位于database文件夹内。

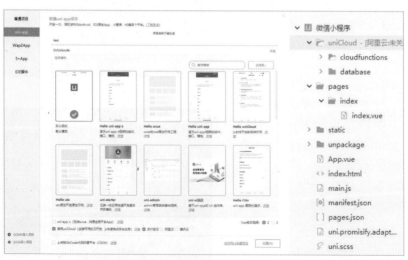

图5-9

2 设计前端用户界面的提示词时，用户需要遵循一定的方法和规则来确保提示词的有效性和准确性。以下是根据提示词设计的方法，结合指令、上下文和期望的提示词，以及书写规则所设计的前端用户界面提示词：

> 这是基于uniapp+vue2框架的微信小程序，请帮我在主页创建一个用户信息收集的表单，有用户姓名、用户电话、用户简介三个输入框。用户简介输入框文字多一些，最下面是提交按钮，并美化整个页面的设计，添加圆角和多种彩色渐变的效果，颜色协调统一 @CodeBase。

其中，@CodeBase是为了让DeepSeek阅读整个项目代码，并在此基础上编写。

在Cursor中，将提示词输入DeepSeek，经过DeepSeek的生成，代码已经出现在Cursor中，将其保存，如图5-10所示。

3 回到HBuilder，在顶部菜单栏单击"运行"→"运行到小程序模拟器"→"微信开发者工具[微信小程序]"命令，在微信开发者工具中可以看到刚才设计好的前端页面，如图5-11所示。此时，前端的开发已经完成。

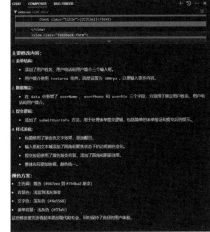

图5-10　　　　　　　　　　图5-11

图5-12

4 前端页面的数据提交请求，需要通过云函数经过云数据库进行存储，因此下一步是设计云函数。先要将前端的代码关联到云上，此时在HBuilder项目的uniCloud文件夹上单击鼠标右键，在弹出的菜单中选择"关联云服务空间或项目"命令，在弹出的对话框中选择已购的阿里云项目。这里关联到我们已经购买的免费云空间usercollect中，如图5-12所示。

5 编写云函数，按照提示词设计的规则，设计云函数的提示词。以下是设计云函数及其提示词的步骤：

> 在@cloudfunctions中创建一个unicloud云函数，并在@database中创建一个feedback.schema.json文件，向unicloud云数据库中传送用户的姓名、电话及用户简介，请在已有的文件夹中直接创建，不需要重复创建cloudfunctions文件夹。

其中，@cloudfunctions代表cloudfunctions文件夹，@database代表database文件夹。在Cursor中可以看到生成的代码，如图5-13所示。

6 可以看到，在cloudfunctions文件夹中新增了feedback文件夹，其中有一个index.js

图5-13

文件，同时在database文件夹中出现了feedback.shcema.json文件，此时云函数和云数据库就写好了。当云函数和云数据库创建好之后，需要把它们上传到云服务器中，右击feedback文件夹，单击"上传部署"，右击feedback.schema.json文件，单击"上传DB Schema"，将feedback.schema.json上传到云服务器，如图5-14所示。

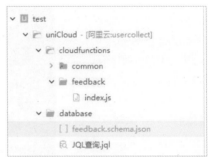

图5-14

7 右击项目，在下拉列表中单击打开"unicloud web控制台"，然后选择左边栏的"云数据库"选项，再单击"表结构"选项卡，可以看到DeepSeek写好的数据表结构，如图5-15所示。

8 回到微信开发者模拟器，在前端用户界面输入用户姓名为mike，用户电话为18888888888，用户简介为"deepseek全栈小程序测试"。测试一下，看看能否将输入的内容写到云数据库中。当单击"提交"按钮后，在unicloud web控制台的数据表结构中，可以看到前端的输入被保存到了数据库中，如图5-16所示。此时，前后台已经打通，前台的数据可以存储到数据库中。如果想要查询，还可以再开发一个查询前端界面，从数据库中读取数据，有兴趣的读者可以尝试。

图5-15

图5-16

5.5　用DeepSeek设计一个网页小游戏

本节将利用Cursor工具调用DeepSeek进行自动化编程，以完成网页贪吃蛇小游戏的初步开发。在游戏的第一版生成后，我们还将对游戏界面进行进一步的优化，以提升用户体验。

1 根据提示词设计的原则，我们精心设计了如下提示词，并确保其通顺且符合逻辑。

> 请帮我写一个网页小游戏，游戏的内容是贪吃蛇游戏，所有内容都写在一个HTML文件中。

DeepSeek返回的代码，如图5-17所示。

2 可以看到，第一版的贪吃蛇程序是可以运行的，但是界面没有阴影，颜色对比度也不高，如图5-18所示。因此，我们准备对第一版的代码进行优化。

图5-18

3 对界面进行优化，设计优化提示词。

> 将背景颜色调整为克莱因蓝色的渐变色，美观，简洁自然，颜色协调统一，给贪吃蛇加上一点立体感。

DeepSeek返回新的代码，如图5-19所示。

4 在浏览器中运行HTML代码，可以看到界面发生了变化，基本满足我们的要求，如图5-20所示。如果还需优化可继续提问，直到达到满意的效果。

图5-17

图5-19

图5-20

5.6 本章小结

本章详细阐述了DeepSeek在编程领域的应用，从DeepSeek能为编程提供的辅助功能入手，通过代码生成、代码注释、代码调试，以及API文档生成等多个方面，深入讲解DeepSeek的编程实践能力。此外，介绍了如何在Cursor中配置DeepSeek，以便更好地利用这一工具。

为了将理论与实践紧密结合，本章特别选取了两个实战案例：一是利用DeepSeek和Cursor设计一个微信小程序；二是设计一款网页小游戏。这两个案例为我们展示了DeepSeek在编程中的强大功能。

经过本章的学习，读者应该对DeepSeek在编程中的应用有了更深入的理解，同时也掌握了如何在Cursor中配置和使用DeepSeek的方法。这将为我们在未来的编程实践中，更加高效、准确地利用DeepSeek这一工具打下坚实的基础。

5.7 课后练习

▶ 练习1：程序编写与调试实践

选择一个领域进行程序开发，将需求的内容按照本章所讲的方法书写提示词，并通过DeepSeek完成模块功能程序的编写，通过对应开发语言的运行平台对代码运行结果进行评估。

程序优化与注释编写：对上面程序的不足之处进行分析，找出可以优化的方向，进行提示词书写，使用DeepSeek进行程序性能或者界面的优化，并对整个代码编写注释。

▶ 练习2：结合IDE和开发平台完成Web应用程序

使用Cursor和HBuilder实现信息查询功能，通过Cursor的AI编程生成代码，编写前端UI界面与云函数对数据库进行查询，将查询结果显示在手机App模拟器界面中。

对编写好的程序界面进行优化，完善界面结构，让界面更加合理、美观。

▶ 练习3：将开发结果应用到实际项目中

将AI编写完成的程序发布到手机上，使用DeepSeek提示词编写测试用例，测试程序的功能与性能，达到和人工编写同样的目的和结果。

第6章
DeepSeek让学术写作更轻松

在学术研究的征途中，创新与效率的平衡一直是一个核心挑战。本章主要聚焦于DeepSeek如何颠覆并革新传统的学术写作模式，为研究者从选题构思到最终成果呈现的整个过程提供全方位、智能化的支持。通过将理论模型与现象本质的深度融合、实验设计与数据可视化的精确优化，以及跨语言表达的流畅润色，DeepSeek能够助力研究者打破思维局限，并显著提升学术表达的严谨性和规范性。

本章不仅详细阐述了相关的方法论，还特别提供了可实际操作的提示词实践范例，为学术写作的每一个环节都注入了智能化的动力。这些智能化工具和方法旨在将复杂问题简化，使学术写作过程变得更加高效。

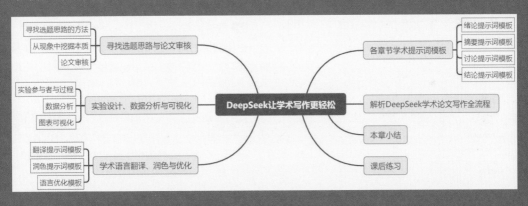

6.1　寻找选题思路与论文审核

学术研究的起点往往始于一个既具创新性又具可行性的选题。面对"选题荒"的困境，如何在纷繁复杂的信息中准确找到具有研究价值的方向？本节将深入剖析DeepSeek在辅助选题方面的核心逻辑：从对现象的观察中提炼出科学问题，借助理论模型搭建研究框架，并通过跨学科的融合来拓宽思维视野。结合数据驱动的趋势分析和智能化的灵感激发功能，DeepSeek能够帮助研究者超越经验限制，在"已知"与"未知"的交汇点，发掘真正值得深入探索的学术新领域。

6.1.1　寻找选题思路的方法

学术选题的核心在于发现知识体系中存在的断裂带与创新接口。DeepSeek通过激发批判性思维和逆向思考，为研究者提供在相关领域进行学术研究的助力。下面将详细介绍两种由AI赋能的选题方法论，并提供可直接应用于实践的操作框架，帮助研究者更有效地开展选题工作。

图6-1

1. 矛盾冲突定位法(批判性创新)

矛盾冲突定位法，通过识别并聚焦领域内技术实践与理论解释之间的断层、不同学派观点对立的焦点，以及用户行为与设计意图之间的背离等矛盾点，来精确定位那些具有学术突破潜力的选题方向。这一过程不仅有助于研究者发现研究空白，还能强化其辩证思维能力，推动学术创新。

▶ 案例讲解

根据研究方向和研究兴趣，向DeepSeek输入研究领域核心提示词，结果如图6-1所示。

> 目标：围绕以下矛盾点寻找选题思路
> 技术矛盾：生成算法的高效性VS艺术价值的不可评估性
> 认知矛盾：机器美学认知框架VS人类审美经验体系

2.逆向思维激发法(范式颠覆型创新)

逆向思维激发法，针对领域内被广泛接受并视为公理的前提假设进行深入的批判性解构。DeepSeek利用反绎推理(Abductive Reasoning)技术，生成具有颠覆性的研究问题。通过这种方式，能够识别出那些被学术界集体忽视的重要现象，即所谓的"学术暗物质"，从而开辟新的研究方向。

▶ 案例讲解

1 在以往的经验中，人类比AI更擅长艺术创作。为此可以进行逆向思考，并设计一组提示词，生成效果如图6-2所示。

图6-2

AI可能创造出超越人类水平的数字艺术图像？

人类和AI制作图像的差异是什么？

如何设计实验来进行该研究？

请你帮助我设计实验，并研究该问题。

2 在仔细审查DeepSeek的回答后，发现其中包含多个可作为选题创意点的解答。随后，当我们在谷歌学术中检索相关内容时，发现了诸如"Putting the Art in Artificial: Aesthetic responses to computer-generated art"，"The Role of AI Attribution Knowledge in the Evaluation of Artwork"，"Human or algorithm? The visual turing test of AI-generated images" 等多篇文章。这些文章采用了多种方法，深入探讨了人工智能生成艺术与人类艺术之间的差异。特别值得一提的是，最后一篇文章中使用的双盲实验判别方法，与DeepSeek的讲解不谋而合。该文章中的双盲实验材料如图6-3所示，为我们提供了具体的研究案例和参考。

图6-3

3 通过综合这些研究成果，我们发现AI艺术的识别难度已经达到61.67%，这一数据有力地证明了AI创作正稳步趋近于人类的艺术水平。这一发现进一步激发了我们探索以下两个全新研究方向的兴趣：第一，AI艺术的演化机制研究，该方向旨在深入探讨AI艺术风格如何随着时间的推移和技术的进步而演变；第二，

AI艺术教育应用研究，这一领域则致力于探索如何将AI艺术创作有效地融入现有的艺术教育体系之中。这两个研究方向不仅建立在坚实的研究基础之上，而且展现出强大的创新潜力和重要的现实意义。为了深化这些研究，我们可以继续运用上文提及的选题方法提出问题并进行深入的探讨。

在选题的过程中，方法多样且灵活，以下列出了一些常用的选题提示词，以供参考和启发。

> 提示词1：我的研究领域是[XX]，请结合[YY领域]的前沿理论(如[具体理论名称])，生成3个具有交叉创新性的论文选题，要求每个选题包含：核心问题+理论嫁接点+可操作的研究路径。
>
> 提示词2：作为一名专注于[XX领域]的研究者，我目前正着手撰写一篇关于[XXX]的学术论文。希望你能对这一主题的研究背景进行详细阐述，并推荐一些相关文献，以便进一步明确研究重点和思路。
>
> 提示词3：帮助我根据[XX]领域选择一个具有研究价值且前沿的研究主题。请考虑当前领域内的热点问题和学术空白。

6.1.2　从现象中挖掘本质

在学术研究的广阔天地里，现象往往是问题的表象，而本质才是驱动这些现象发生的内在规律和核心矛盾。要成功地从纷繁复杂的现象中抽丝剥茧，挖掘出事物的本质，研究者必须具备超越表面观察、深入探究现象背后深层次原因的能力。借助有效的工具和方法，研究者能够更为高效地提炼出富有价值的科学问题，为创新性选题的孕育奠定坚实的基础。

在这一过程中，DeepSeek作为一种功能强大的辅助工具，发挥着不可或缺的作用。它能够助力研究者更加迅速地挖掘出事物的本质，从而加速学术研究的进程。

> 案例讲解

1 以某社会学研究团队为例，他们在社交媒体平台上观察到了一个引人注目的现象——"点赞疲劳"。这一现象激发了他们进行深入研究的兴趣。

2 将现象提炼为结构化查询指令，并输入DeepSeek，生成结果如图6-4所示。

> 研究目标：研究社交媒体平台普遍存在的"点赞疲劳"现象。
> 请求：
> 1. 分析该问题的本质。
> 2. 探讨有关的研究理论或模型。

3 在接收到DeepSeek生成的内容后，研究者需要仔细核查其有效性，特别是要深入检查DeepSeek的思维链(Chain of Thought，简称CoT)。这一步骤至关重要，因为它要求研究者确认DeepSeek的推理过程是否遵循了正确的逻辑方向，以及推理的每一步是否都严谨无误。值得注意的是，推理过程中给予研究的启发往往比最终的结果本身更具价值，因为它能够引导研究者发现新的研究视角和方法。

图6-4

4 为了进一步挖掘和深化研究，研究者可以进行追问。在深入分析DeepSeek生成的CoT和结果的基础上，研究者可以构建追问指令并输入系统。这一追问过程旨在获取更深入、更细致的信息，以支持研究的全面性和深度，结果如图6-5所示。

> 研究目标：从技术压力模型的视角研究社交媒体平台普遍存在的"点赞疲劳"现象。
>
> 请求：
>
> 1. 整理出该理论如何与现象结合。
>
> 2. 制定出本研究的目的、方法、对象和预期结果。

5 追问的过程可以重复多次进行，研究者不妨利用多种理论来推敲和验证，看它们是否契合于所分析的现象。在反复追问与理论验证的过程中，研究者可以逐步缩小范围，最终选定一个最为合适的理论模型。随后，通过对该模型的整合与优化，研究者将能够提炼出自己满意的研究选题。这一过程不仅确保了选题的准确性和深度，也为后续研究的顺利开展奠定了坚实的基础。

图6-5

6.1.3 论文审核

在学术研究的写作过程中，论文审核担任了确保研究成果品质的重要的角色。借助有效的论文审核机制，研究者能够显著提升论文的逻辑清晰度、严谨度和学术规范性。以往，论文审核主要依赖于同行评审和人工细致检查的方式。但如今，有了DeepSeek这一智能化工具的加持，审核过程变得更加智能且高效。下面将深入探讨如何利用DeepSeek的智能化功能，优化论文审核流程，进而全面提升学术论文的质量。

1. 自动化语法与格式检查

DeepSeek凭借其强大的技术实力，能够自动化地完成语法、拼写及格式的全面检查，助力研究者轻松消除语言层面的疏漏与谬误。学术写作对语言的精确性和规范性有着极高的要求，尤其是在英文写作领域，语法和拼写的细微差错往往容易被忽略。而DeepSeek所提供的自动化检查功能，宛如一双锐利的眼睛，能够迅速捕捉语法错误、拼写瑕疵及不规范的用语，并引导研究者进行及时的修正。

以下是一些有助于执行自动化语法与格式检查的提示词，它们能够引导研究者更加高效地利用这一功能。

> 语法检查：请检查论文中的语法错误，特别是主谓一致、时态使用、冠词和代词的正确性。确保句子结构清晰，没有语法上的混乱。
>
> 拼写与标点符号：请检查文中拼写错误和标点符号的使用，包括常见的拼写错误，逗号、句号、引号等标点的使用是否符合学术写作规范。
>
> 格式一致性：请检查论文的整体格式，确保段落、标题、引文和参考文献的格式统一且符合学术期刊的要求，特别是APA格式的遵循情况。

2. 内容一致性与逻辑流畅性检查

在论文评审的标准中，逻辑结构的严谨性占据着举足轻重的地位。DeepSeek所配备的智能分析工具，能够深入剖析论文内容的逻辑一致性，助力研究者精准捕捉结构上的瑕疵。在论文的撰写过程中，研究者或许会不经意间在不同章节中留下观点重叠的痕迹，或是让结论与支撑证据之间出现微小的脱节。然而，这些潜在的问题在DeepSeek的智能分析下都将无所遁形，它能够迅速锁定这些逻辑上的瑕疵，并为研究者提供宝贵的改进建议，确保论文的每一部分都紧密相连，形成浑然一体的论述体系。

以下是一些有助于执行内容一致性与逻辑流畅性检查的提示词，它们能够引导研究者更加全面地利用DeepSeek的这一功能，确保论文的逻辑严谨、条理清晰。

> 请你充当一位专业的审稿人，对我上传的文档进行全面的审阅，指导我进行文章的改进，重点关注事项如下。
>
> 逻辑一致性分析：请分析论文的各章节内容，确保论点、论据和结论之间存在清晰的逻辑联系。请检查论文中是否存在任何逻辑跳跃或推理不充分的地方。
>
> 结构连贯性评估：请评估论文的整体结构是否符合学术论文的基本要求，是否存在结构上的不合理安排或部分内容的脱节。各部分的过渡是否自然？请提供对段落衔接和内容安排的优化建议。
>
> 论点与证据的匹配度：请检查文章中的每一个论点是否都得到了充分的证据支持。特别是，结论是否得到了前文论据的有效支撑？是否有任何证据未能有效支持所提出的观点？请指出并给出建议。
>
> 观点与证据区分：请检查文章是否清晰地区分了作者的观点与外部引用的证据或文献？是否存在论据和结论混淆的地方？如果有，请提供改进建议。
>
> 重复性内容检测：请分析论文中是否存在多次重复相同论点、句子或段落的现象？如果存在重复内容，建议如何修改以增强论文的精炼性和逻辑性。

3. 以审稿人形式对论文审查

在利用DeepSeek作为审稿工具对论文进行审阅时，不同数据库所收录的期刊往往具有各自的特点，因此审稿标准也会相应地有所差异。特别是当我们将目光转向中国国内与国外数据库时，这种差异尤为明显。为了更加精准地满足特定期刊的审稿要求，应当采用与该期刊相匹配的AI审稿提示词。

以下是一套针对SSCI(社会科学引文索引)期刊的AI审稿要求提示词，这些提示词是基于论文"Value Differences in Image Creation Between Human and AI and the Underlying Influences"中的关键要素提炼而来。这套提示词旨在帮助审稿人更加全面、深入地评估论文的质量，并确保其符合SSCI期刊的标准，如图6-6所示。

> 请你充当一位专业的SSCI论文审稿人，对我上传的文档进行全面的审阅，以指导我进行文章的改进，重点关注事项如下。
>
> 主题相关性检查：确认文章是否涉及当前受关注的主题，并符合该期刊的目标(输入期刊名称)。
>
> 摘要和范围清晰度：检查摘要是否明确地阐述了论文的研究范围和主要目标。
>
> 关键词的准确性：确保关键词充分且恰当地反映了论文的主要内容和研究重点。
>
> 研究方法的合理性：如果文章涉及研究活动，评估其是否采用了合理的方法，并且方法描述

是否详尽准确。

观点与证据的区分：检查文章是否清楚地区分了作者的观点和经验证据。

批判性理解的促进：评估文章是否有助于对问题进行深入和批判性的理解。

领域新进展的提示：检查文章是否提供了该主题领域重大新进展的相关信息。

当代文献的考虑：确认文章是否充分考虑了该领域的相关当代文献。

APA引用规范的遵循：检查文章是否正确引用了APA第7版的引文和参考文献。

写作风格和清晰度：确保文章的写作风格清晰、易懂，适合知识渊博的国际专业读者。

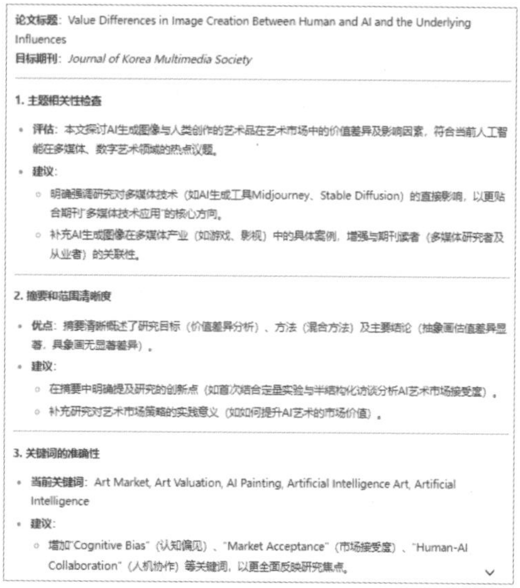
论文标题：Value Differences in Image Creation Between Human and AI and the Underlying Influences
目标期刊：*Journal of Korea Multimedia Society*

1. 主题相关性检查

- **评估**：本文探讨AI生成图像与人类创作的艺术品在艺术市场中的价值差异及影响因素，符合当前人工智能在多媒体、数字艺术领域的热点议题。
- **建议**：
  - 明确强调研究对多媒体技术（如AI生成工具Midjourney、Stable Diffusion）的直接影响，以更贴合期刊"多媒体技术应用"的核心方向。
  - 补充AI生成图像在多媒体产业（如游戏、影视）中的具体案例，增强与期刊读者（多媒体研究者及从业者）的关联性。

2. 摘要和范围清晰度

- **优点**：摘要清晰概述了研究目标（价值差异分析）、方法（混合方法）及主要结论（抽象画估值差异显著，具象画无显著差异）。
- **建议**：
  - 在摘要中明确提及研究的创新点（如首次结合定量实验与半结构化访谈分析AI艺术市场接受度）。
  - 补充研究对艺术市场策略的实践意义（如如何提升AI艺术的市场价值）。

3. 关键词的准确性

- **当前关键词**：Art Market, Art Valuation, AI Painting, Artificial Intelligence Art, Artificial Intelligence
- **建议**：
  - 增加"Cognitive Bias"（认知偏见）、"Market Acceptance"（市场接受度）、"Human-AI Collaboration"（人机协作）等关键词，以更全面反映研究焦点。

图6-6

6.2 实验设计、数据分析与可视化

实验设计、数据分析与可视化是构成研究方法论的三大支柱，它们紧密协作，共同铸就研究结论的可靠性与科学性。

严谨的实验设计如同稳固的地基，为研究的顺利进行奠定坚实的基础，它涵盖了参与者的精心筛选、实验流程的周密安排，以及变量的严格控制等多个方面。系统的数据分析则是连接原始数据与研究结论的纽带，借助多元统计分析方法，研究者能够探索数据的规律，验证研究假设，并最终得出科学可靠的结论。而数据可视化，则是以直观、生动的方式呈现数据特征和分析结果，使读者能够迅速把握研究的核心要点，深入理解研究发现。

本节将从实验设计、数据分析与可视化这三个维度出发，详细探讨DeepSeek如何成为研究者的得力助手，辅助他们顺利完成研究工作。

6.2.1 实验参与者与过程

实验的成功与否，很大程度上取决于参与者的选择与实验过程的严谨性。深入了解参与者背景，确保实验流程规范，是保障研究质量的关键所在。

1. 参与者

在学术研究中，对被试或参与者的详尽描述是非常重要的，它不仅关乎研究结果的普遍适用性与可靠性评估，更是研究结论能否广泛推广的关键所在。了解参与者的背景信息，如人口统计特征和选择标准，能够为研究的普遍意义奠定坚实的基础。同时，详尽的被试信息为研究的可复制性、比较分析提供了便利，也体现了对研究伦理的尊重与守护，尤其是在处理知情同意、隐私保护和数据安全方面。此外，全面的参与者描述还有助于识别和控制研究偏差，进一步提升了方法论的严谨性与专业性。

下面展示了DeepSeek提供的一系列实用提示词，旨在辅助研究者更加高效、准确地撰写关于实验参与者的描述。

1 在进行实验参与者描述时，DeepSeek提供的提示词效果显著，能够极大地提升描述的准确性和完整性，效果如图6-7所示。

> 请根据上传的论文原始数据生成符合SSCI论文标准的参与者描述段落。
>
> 披露样本总量，有效样本量和问卷有效率。
>
> 披露参与者年龄，性别信息。
>
> 披露参与者教育水平，职业背景及其他人口统计学变量。

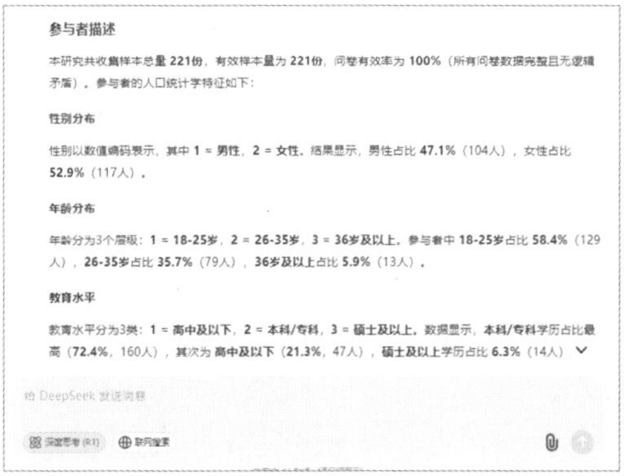

图6-7

2 关于实验参与者的选择标准和招募方式，DeepSeek的提示词描述得更加清晰、条理分明，效果如图6-8所示。

> 请根据[前置信息]阐明如何选择被试，包括纳入和排除标准。描述被试的招募过程，包括招募的渠道和策略。

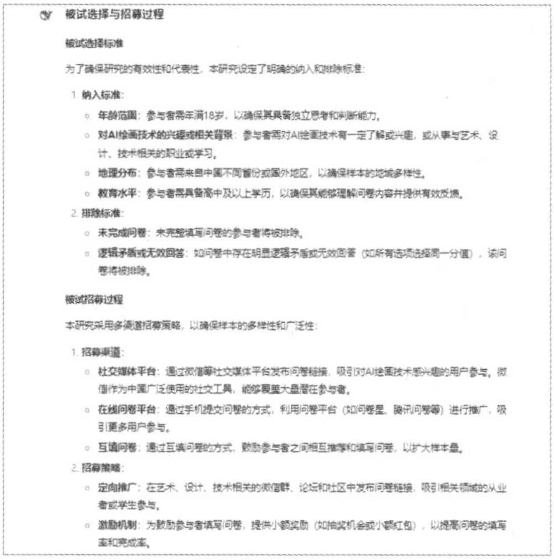

图6-8

3 在涉及伦理方面，DeepSeek的提示词可确保研究者在撰写时，能够全面考虑并妥善处理相关的伦理问题，效果如图6-9所示。

> 提示词1：请根据[前置信息]描述如何获得被试的知情同意，以及如何处理涉及隐私和敏感信息的问题。如果有相关的伦理审批(伦理审查编号)，也应进行详细披露。
>
> 提示词2：根据《赫尔辛基宣言》，列出本研究涉及人类受试者的5项伦理风险(如隐私泄露、知情同意)，并撰写伦理声明模板(包括数据匿名化处理、退出机制等)。

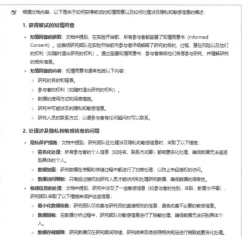

图6-9

4 在展开研究之前，还需审视样本选择的限制，这包括可能存在的选择偏差及样本本身的不足之处。这一过程对于维护研究的全面性和透明度具有不可估量的价值。DeepSeek为此提供了以下提示词，帮助我们更系统地分析样本的限制和潜在偏差。

> 请根据[前置信息]诚实地讨论样本选择的限制，包括可能的选择偏差或样本的不足之处。此部分可置于论文限制部分，请用一句话阐述样本限制。

2. 参与过程

在撰写学术论文时，对实验过程的清晰、详尽描述是构筑研究可重复性和科学性的坚固基石。一个优秀的实验过程描述，应全面涵盖实验设计的精妙构思、材料准备的严谨细致、具体步骤的条理清晰，以及质量控制的严格把控。

在描绘实验设计环节时，DeepSeek所提供的提示词可确保实验设计的描述既全面详尽又条理清晰，效果如图6-10所示。

> 请根据[前置信息]生成符合学术规范的实验设计描述段落，说明实验类型(如双盲、对照等)，描述实验条件和变量设置，解释材料的制作或获取过程，以及材料的选择标准。

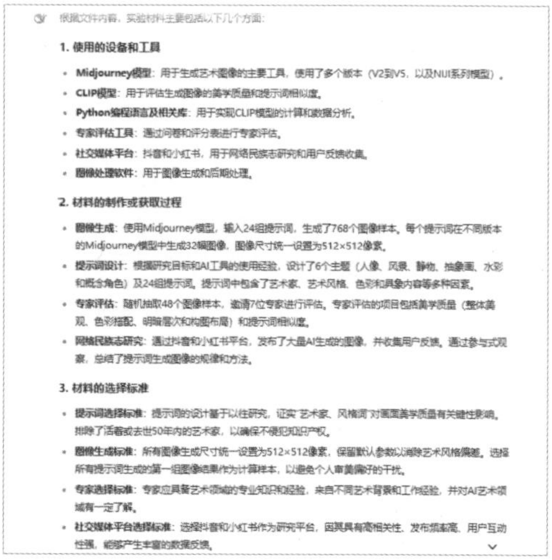
根据文件内容，实验材料主要包括以下几个方面：

1. 使用的设备和工具

- **Midjourney模型**：用于生成艺术图像的主要工具，使用了多个版本（V2到V5，以及NIJI系列模型）。
- **CLIP模型**：用于评估生成图像的美学质量和提示词相似度。
- **Python编程语言及相关库**：用于实现CLIP模型的计算和数据分析。
- **专家评估工具**：通过问卷和评分表进行专家评估。
- **社交媒体平台**：抖音和小红书，用于网络民族志研究和用户反馈收集。
- **图像处理软件**：用于图像生成和后期处理。

2. 材料的制作或获取过程

- **图像生成**：使用Midjourney模型，输入24组提示词，生成了768个图像样本。每个提示词在不同版本的Midjourney模型中生成32幅图像，图像尺寸统一设置为512×512像素。
- **提示词设计**：根据研究目标和AI工具的使用经验，设计了6个主题（人像、风景、静物、抽象画、水彩和概念角色）及24组提示词。提示词中包含了艺术家、艺术风格、色彩和具象内容等多种因素。
- **专家评估**：随机抽取48个图像样本，邀请7位专家进行评估。专家评估的项目包括美学质量（整体美观、色彩搭配、明暗层次和构图布局）和提示词相似度。
- **网络民族志研究**：通过抖音和小红书平台，发布了大量AI生成的图像，并收集用户反馈。通过参与式观察，总结了提示词生成图像的规律和方法。

3. 材料的选择标准

- **提示词选择标准**：提示词的设计基于以往研究，证实"艺术家、风格词"对画面美学质量有关键性影响。排除了活着或去世50年内的艺术家，以确保不侵犯知识产权。
- **图像生成标准**：所有图像生成尺寸统一设置为512×512像素，保留默认参数以消除艺术风格偏差。选择所有提示词生成的第一组图像结果作为计算样本，以避免个人审美偏好的干扰。
- **专家选择标准**：专家应具备艺术领域的专业知识和经验，来自不同艺术背景和工作经验，并对AI艺术领域有一定了解。
- **社交媒体平台选择标准**：选择抖音和小红书作为研究平台，因其具有高相关性、发布频率高、用户互动性强，能够产生丰富的数据反馈。

图6-10

6.2.2 数据分析

在学术研究领域，数据分析是揭示数据内在模式、趋势及关联性的核心环节。DeepSeek的应用显著提升了数据分析的效率和准确性，使研究者能够高效地执行数据预处理、描述性统计分析、相关性分析、假设检验及数据可视化等任务。

数据分析流程的首要步骤是数据预处理，该步骤对于确保数据在分析前的准确性和一致性至关重要。尽管DeepSeek提供了处理缺失值、去除重复数据、数据类型转换等功能，但鉴于数据处理的复杂性和对准确性的高要求，研究者通常需亲自进行数据预处理工作，以确保处理过程的准确性和可靠性。

完成数据预处理后，接下来进行描述性统计分析。借助DeepSeek，研究者可以快速计算数据集的集中趋势、离散程度等统计量。通过输入特定的提示词，DeepSeek能够生成如图6-11所示的统计结果，为研究者提供清晰、直观的描述性统计分析报告，为后续的数据分析工作奠定坚实的基础。

> 请根据[上传数据]进行描述性统计分析，同时说明各变量的均值、中位数和标准差。

基于这些基础统计量，研究者可初步洞悉数据的分布特性与核心特征，为后续的深入分析工作奠定坚实的基础。然而，对于初涉学术论文撰写的研究人员而言，在面对大规模数据集时，如何高效地进行数据分析是一项严峻的挑战。在此背景下，DeepSeek作为一款强大的数据分析辅助工具，能够显著助力研究者探索数据并发现规律。

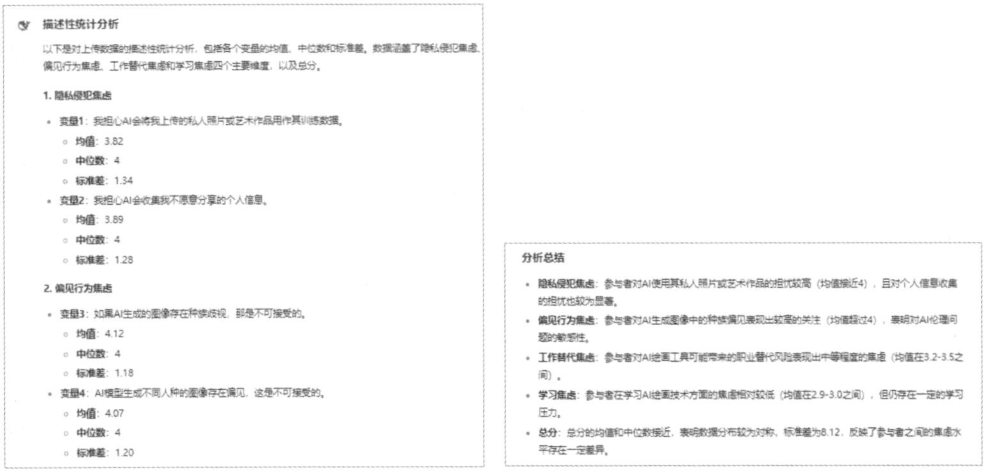

描述性统计分析

以下是对上传数据的描述性统计分析，包括各个变量的均值、中位数和标准差。数据涵盖了隐私侵犯焦虑、偏见行为焦虑、工作替代焦虑和学习焦虑四个主要维度，以及总分。

1. 隐私侵犯焦虑

- **变量1**：我担心AI会将我上传的私人照片或艺术作品用作其训练数据。
    - **均值**：3.82
    - **中位数**：4
    - **标准差**：1.34
- **变量2**：我担心AI会收集我不愿意分享的个人信息。
    - **均值**：3.89
    - **中位数**：4
    - **标准差**：1.28

2. 偏见行为焦虑

- **变量3**：如果AI生成的图像存在种族歧视，那是不可接受的。
    - **均值**：4.12
    - **中位数**：4
    - **标准差**：1.18
- **变量4**：AI模型生成不同人种的图像存在偏见，这是不可接受的。
    - **均值**：4.07
    - **中位数**：4
    - **标准差**：1.20

分析总结

- **隐私侵犯焦虑**：参与者对AI使用其私人照片或艺术作品的担忧较高（均值接近4），且对个人信息收集的担忧也较为显著。
- **偏见行为焦虑**：参与者对AI生成图像中的种族偏见表现出较高的关注（均值超过4），表明对AI伦理问题的敏感性。
- **工作替代焦虑**：参与者对AI绘画工具可能带来的职业替代风险表现出中等程度的焦虑（均值在3.2-3.5之间）。
- **学习焦虑**：参与者在学习AI绘画技术方面的焦虑相对较低（均值在2.9-3.0之间），但仍存在一定的学习压力。
- **总分**：总分的均值和中位数接近，表明数据分布较为对称，标准差为8.12，反映了参与者之间的焦虑水平存在一定差异。

图6-11

为了指导研究者更有效地利用DeepSeek进行分析，本书精心准备了一系列针对各种数据分析方法的提示词。这些提示词旨在明确分析目标、辅助选择合适的分析方法，并深化对分析结果的理解。借助这些提示词，即便是学术论文撰写的新手亦能在DeepSeek的引导下，挖掘出具有科学价值的信息与见解。

1. 定量分析方法：我已经收集了定量数据[前置信息]，如何选择合适的统计分析方法(如回归分析、方差分析、路径分析等)来测试我的假设/实验?

2. 定性分析方法：针对我的访谈数据[前置信息]，如何使用定性分析方法(如主题分析、话语分析等)开展相关研究?具体步骤是什么?

3. 混合分析方法：我已收集了访谈和定量调查数据[前置信息]，如何进行混合研究来分析数据? 具体操作步骤是什么?

6.2.3 图表可视化

在学术研究领域，图表可视化扮演着举足轻重的角色。它不仅助力研究者将复杂的数据分析结果以直观、清晰的方式呈现出来，还有效促进了研究发现的传达与结论的阐释。精心策划的图表能够将繁杂的数据信息转化为易于理解的视觉语言，显著提升了研究成果的传播力与影响力。

借助DeepSeek，研究者能够便捷地创建图表可视化代码，并结合HTML生成和Mermaid等工具，绘制出精准、美观的图像。在此过程中，图表的配色方案成为学术可视化中的一个核心要素。恰当的配色不仅能显著提升图表的可读性，还能有效突出关键数据点，增强信息的传达效果。DeepSeek提供了专业的配色方案建议，确保所选颜色既遵循视觉设计的基本原则，又能满足不同受众的审美需求与阅读习惯。通过这些配色方案的运用，数据在图表中得以更加清晰、准确地展示。

以下汇总了图表可视化的提示词，旨在引导研究者高效利用DeepSeek进行图表设计与优化。

请你充当制作可视化图表的专家。你应该记住，你可以输出多种图表，并帮助选择合适的图表类型。你还可以输出JPG、HTML、交互式地图和动画GIF等格式。首先，列出一些你可以创建的图表类型和输出方式。接着，阅读以下关于数据可视化的建议：

使用完整的坐标轴：对于柱状图，数值坐标轴(通常是Y轴)必须从零开始。人的眼睛对柱状图面积非常敏感，当这些柱子被截断时，观看者会得出错误的结论。但对于折线图，截断Y轴也许是可以接受的。对于有较大范围差异的情况，如果图中有一两个非常高的柱子，建议使用多个图表来展示完整比例和"放大"视图，也叫作面板图。

保持一致的间隔：使用完整坐标轴也意味着不能跳过数值数据。查看下面带有日期轴的图表，如果日期间隔不一致，趋势会被扭曲。确保电子表格中每个日期都有一致间隔的数据点，即使该数据点为零。

简化不重要的信息：图表中的元素，如网格线、坐标轴标签、颜色等，可以简化以突出最重要、最相关或最有趣的信息。你可以去除网格线，或将颜色保留用于单独的数据系列，而不是用于区分所有系列。

创造性地使用图例和标签：可能的方式包括直接在折线图上标注标签，或在柱状图上标注数值，以保持柱子的整洁线条。

通过"眯眼测试"：当你眯眼看页面时，虽然看不清任何文字，但是否仍能"感知"到页面上的一些信息？哪些元素最吸引注意？哪个颜色最显眼？元素是否平衡？页面是否有清晰的组织结构？

最后，帮我生成一个可运行的HTML文件。

在输入针对本案例需求的提示词后，即要求绘制展示四个变量差异的直方图(数据源自论文"Anxiety induced by artificial intelligence (AI) painting: An investigation based on the fear acquisition theory")，DeepSeek将迅速生成相应代码。

```html
<!DOCTYPE html>
<html lang="zh">
<head>
    <meta charset="UTF-8">
    <title>AI焦虑维度均值对比</title>
    <!-- 引入Chart.js库 -->
    <script src="https://cdn.jsdelivr.net/npm/chart.js"></script>
    <style>
        /* Tufte风格优化 */
        body {
            font-family: "Arial", sans-serif;
            max-width: 800px;
            margin: 20px auto;
            background: #f8f9fa;
        }
        canvas {
            background: white;
            padding: 20px;
            border-radius: 8px;
            box-shadow: 0 2px 4px rgba(0,0,0,0.1);
        }
    </style>
</head>
<body>
```

```html
<canvas id="myChart"></canvas>

<script>
    // 数据配置(根据你的输入计算均值)
    const data = {
        labels: ["隐私侵犯焦虑", "偏见行为焦虑", "工作替代焦虑", "学习焦虑"],
        datasets: [{
            label: "均值(1-5分)",
            data: [3.855, 4.095, 3.333, 2.953], // 各维度均值
            backgroundColor: [
                "rgba(54, 162, 235, 0.6)",        // 蓝色
                "rgba(255, 159, 64, 0.6)",        // 橙色
                "rgba(75, 192, 192, 0.6)",        // 绿色
                "rgba(255, 99, 132, 0.6)"         // 红色
            ],
            borderWidth: 1
        }]
    };

    // 图表配置(遵循Angela Zoss原则)
    const config = {
        type: 'bar',
        data: data,
        options: {
            responsive: true,
            scales: {
                y: {
                    beginAtZero: true,            // Y轴从0开始
                    max: 5,                       // 与问卷量表一致
                    grid: { display: false }      // 隐藏网格线
                },
                x: {
                    grid: { display: false }      // 隐藏x轴网格线
                }
            },
            plugins: {
                legend: { display: false },       // 隐藏图例
                tooltip: { enabled: true },       // 启用悬停提示
                // 直接在柱顶标注数值
                datalabels: {
                    anchor: 'end',
                    align: 'top',
                    formatter: (value) => value.toFixed(2),
                    font: { weight: 'bold' }
                }
            }
        }
    };

    // 渲染图表
    const ctx = document.getElementById('myChart').getContext('2d');
    new Chart(ctx, config);
</script>
</body>
</html>
```

代码生成后，单击代码栏右下角的"运行HTML"按钮，如图6-12所示，即可生成如图6-13所示的直方图效果。

关键设计说明（符合Tufte原则）：

1. 完整的坐标轴
   - Y轴从0开始，范围固定为0-5分（与问卷的5分量表一致），避免视觉误导。
   - 使用直接标注在柱顶的数值代替图例，减少视线跳跃。
2. 简化冗余元素
   - 移除所有网格线（`grid: { display: false }`）。
   - 使用半透明颜色区分维度，避免过多饱和色干扰。
3. 眯眼测试通过性
   - 柱状高度差异明显（如偏见行为焦虑显著高于学习焦虑）。
   - 颜色对比清晰但不过度刺眼（蓝色-橙色-绿色-红色）。
4. 交互性增强
   - 悬停显示详细数值（默认启用Tooltip）。
   - 支持响应式布局，适配不同屏幕尺寸。

效果预览：

1. 将代码保存为 `.html` 文件（如 `chart.html`）。
2. 用浏览器打开文件，即可看到交互式柱状图：
   示例截图

如需进一步调整样式（如颜色、字体、标注位置），可修改 `backgroundColor`、`font` 等参数。如果需要静态图片，可通过浏览器截图或使用 `chart.js` 的导出功能。

```
                grid: { display: false } // 隐藏X轴网格线
            }
        },
        plugins: {
            legend: { display: false },  // 隐藏图例
            tooltip: { enabled: true },  // 启用悬停提示
            // 直接在柱顶标注数值
            datalabels: {
                anchor: 'end',
                align: 'top',
                formatter: (value) => value.toFixed(2),
                font: { weight: 'bold' }
            }
        }
    }
};

// 渲染图表
const ctx = document.getElementById('myChart').getContext('2d');
new Chart(ctx, config);
</script>
</body>
</html>
```

▶ 运行 HTML

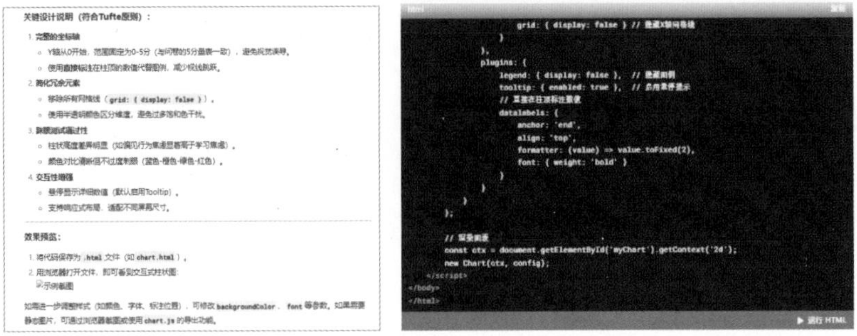

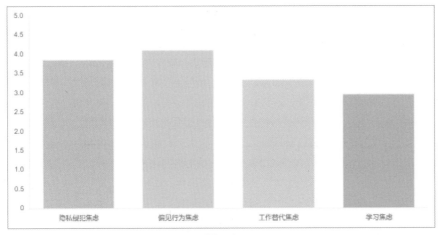

图6-12

图6-13

生成图表后，对图表内容的解读至关重要。DeepSeek能够辅助用户分析图表中的趋势、模式、离群点和异常值，帮助研究者深入理解数据背后的意义。结合学术背景，研究者可以利用这些见解为学术报告和文章提供详尽的图表解读。图表解读提示词如下，生成内容如图6-14所示。

> 作为论文写作专家，请按以下步骤分析并以学术论文的形式解读图表：
> 1.图表内容阅读→2.图表内容分析和归纳→3.图表内容以论文段落形式输出

1. 图表内容阅读

图表展示了四个主要维度的均值对比，分别是：

- **隐私侵犯焦虑**：均值为3.855
- **偏见行为焦虑**：均值为4.095
- **工作替代焦虑**：均值为3.333
- **学习焦虑**：均值为2.953

每个维度的均值通过柱状图的高度直观展示，柱状图颜色分别为蓝色、橙色、绿色和红色，便于区分。Y轴范围为0到5，与问卷的5分量表一致，X轴标注了四个维度的名称。

2. 图表内容分析和归纳

- **隐私侵犯焦虑和偏见行为焦虑**的均值较高（分别为3.855和4.095），表明用户对AI可能侵犯隐私和生成偏见图像的担忧较为显著。
- **工作替代焦虑**的均值为3.333，处于中等水平，表明用户对AI可能替代其工作的焦虑程度适中。
- **学习焦虑**的均值最低（2.953），表明用户对学习AI绘画技术的焦虑相对较低。
- 图表设计符合数据可视化最佳实践：
  - Y轴从0开始，避免视觉失真。
  - 直接标注柱顶数值，减少视线跳跃。
  - 使用半透明颜色区分维度，避免过度饱和色干扰。

3. 图表内容以论文段落形式输出

数据分析结果

本研究通过柱状图展示了用户在四个主要维度上的焦虑均值对比（见图1）。结果显示，用户对**偏见行为焦虑**的均值最高（M=4.095，SD=1.19），其次是**隐私侵犯焦虑**（M=3.855，SD=1.31），表明用户对AI生成图像中可能存在的偏见行为以及隐私泄露问题表现出较高的担忧。**工作替代焦虑**的均值处于中等水平（M=3.333，SD=1.39），反映了用户对AI可能替代其工作的焦虑程度适中。相比之下，**学习焦虑**的均值最低（M=2.953，SD=1.40），表明用户对学习AI绘画技术的焦虑相对较低，这可能与用户对技术学习的信心或兴趣有关。

图表设计说明

本图表采用柱状图形式，Y轴从0开始，范围固定为0-5分，与问卷的5分量表一致，避免了视觉失真（Zoss, 2023）。柱状图颜色采用半透明的蓝色、橙色、绿色和红色，便于区分不同维度，同时避免了过度饱和色对视觉的干扰。柱顶直接标注均值数值，减少了视线跳跃，符合Tufte（1983）提出的"数据墨水比最大化"原则。此外，图表去除了冗余的网格线和图例，进一步简化了视觉元素，突出了数据本身的重要性。

研究意义

本图表的结果表明，用户对AI技术的焦虑主要集中在隐私侵犯和偏见行为方面，这为AI开发者提供了重要的改进方向。例如，开发者可以通过增强数据隐私保护机制和优化算法公平性来降低用户的焦虑感。此外，用户对学习AI技术的焦虑较低，可能为教育机构提供机会，通过设计更友好的学习工具和课程，进一步降低用户的学习门槛。

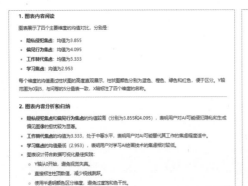

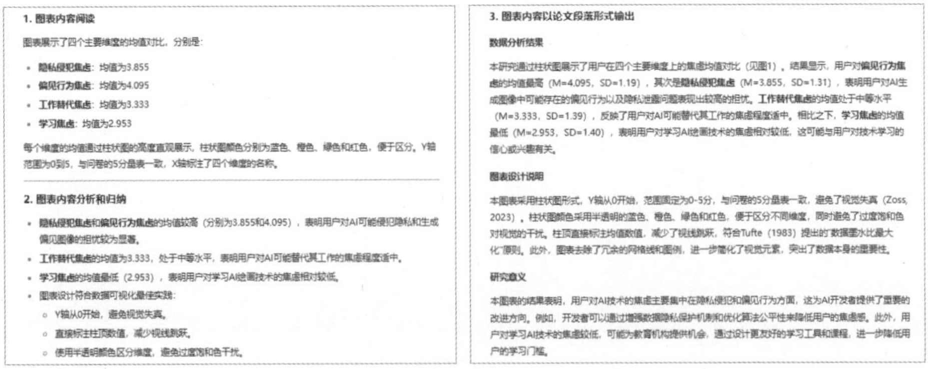

图6-14

6.3　学术语言翻译、润色与优化

在全球化学术合作的背景下，语言表达的精确性和规范性对研究成果的国际传播与获得广泛认可具有至关重要的作用。本节集中探讨学术论文的跨语言转换与语言优化策略，特别是如何利用DeepSeek工具实现高效准确的翻译与润色，避免语言差异导致的学术歧义或逻辑问题。同时，强调"人机协同"的必要性，即AI生成的文本需经学术母语者审阅校对，以修正潜在逻辑偏差或文化误解，确保研究成果既符合国际期刊的语言规范，又保持学术思想的完整性和创新性。通过理论与实践的紧密结合，旨在为学者构建从"语言精准"到"学术说服"的桥梁。

6.3.1　翻译提示词模板

在中文、英文等不同语言间的论文翻译中，准确性和专业性是至关重要的。翻译不仅要求词汇和语法的精确无误，更需对学术概念和术语有深入准确的理解。翻译环节应秉承"信、达、雅"的平衡原则，即在忠实传达原文意义的基础上，还需兼顾目标语言的学术规范及母语读者的阅读习惯。例如，需将中文特有的意合逻辑转化为英文的形合结构，确保专业术语符合国际通用标准，并对特定文化语境下的词汇进行审慎核查与翻译，以确保有效的跨文化沟通。

DeepSeek能迅速提供翻译内容，且随着其能力的提升，翻译质量可接近母语使用者水平。但在使用过程中，仍需对其进行人工把关和判断。以下是进行论文的中英语言翻译时的提示词模板，具体结果如图6-15所示。

> 我希望你充当一名中英文翻译专家，将我提供的文本翻译为英文，请特别尊重中文原文的意思，不要曲解和改变，应该准确无误地传达中文意思。以下为具体的翻译要求：
>
> 1. 翻译的英文让母语英语者能够理解和流畅地阅读，避免使用让他们无法理解或者产生歧义的词汇。
> 2. 翻译的结果符合SCI和SSCI论文的学术表达习惯和要求，不要翻译成中式英语。
> 3. 翻译的结果必须正确使用学术书面美式英语。
> 4. 翻译的结果应适合于许多国家/地区读者阅读，因此，请避免使用深奥的单词。

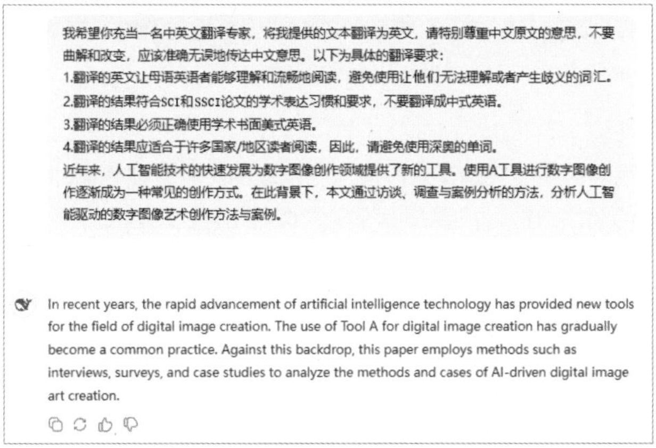

图6-15

6.3.2 润色提示词模板

润色环节致力于增强文本的学术严谨性和可读性，涵盖语法错误的修正、句式的精炼、逻辑衔接的完善，以及术语使用的一致性。

以下是一套利用DeepSeek辅助润色的提示词模板，具体结果如图6-16所示。这套模板旨在引导研究者关注论文中的关键润色点，从而提升论文的整体表达效果。

润色[前置信息]以符合学术风格。首先进行语法错误识别：检查并纠正语法错误，包括时态、主谓一致、冠词使用等。接着进行词汇选择优化：选择准确、简洁和学术的词汇，避免使用口语或模糊不清的表述。然后优化表述：简化复杂的句子结构，保持句子的清晰和直接。明确句子间的逻辑关系，使段落的逻辑结构更加清晰。同时，请注意保持一致性，确保术语的使用在全文中保持一致。

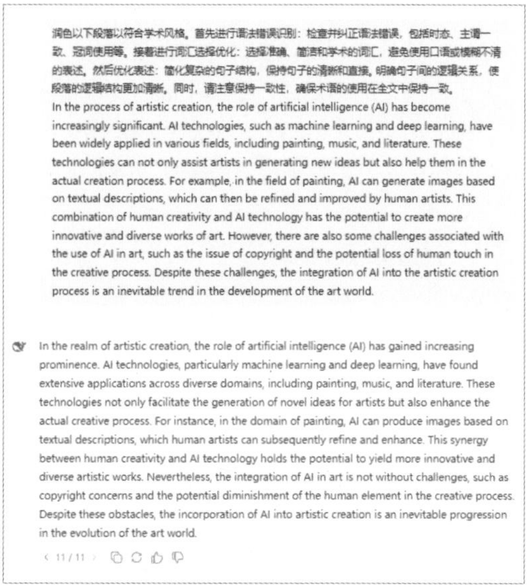
润色以下段落以符合学术风格。首先进行语法错误识别：检查并纠正语法错误，包括时态、主谓一致、冠词使用等。接着进行词汇选择优化：选择准确、简洁和学术的词汇，避免使用口语或模糊不清的表述。然后优化表述：简化复杂的句子结构，保持句子的清晰和直接。明确句子间的逻辑关系，使段落的逻辑结构更加清晰。同时，请注意保持一致性，确保术语的使用在全文中保持一致。
In the process of artistic creation, the role of artificial intelligence (AI) has become increasingly significant. AI technologies, such as machine learning and deep learning, have been widely applied in various fields, including painting, music, and literature. These technologies can not only assist artists in generating new ideas but also help them in the actual creation process. For example, in the field of painting, AI can generate images based on textual descriptions, which can then be refined and improved by human artists. This combination of human creativity and AI technology has the potential to create more innovative and diverse works of art. However, there are also some challenges associated with the use of AI in art, such as the issue of copyright and the potential loss of human touch in the creative process. Despite these challenges, the integration of AI into the artistic creation process is an inevitable trend in the development of the art world.

In the realm of artistic creation, the role of artificial intelligence (AI) has gained increasing prominence. AI technologies, particularly machine learning and deep learning, have found extensive applications across diverse domains, including painting, music, and literature. These technologies not only facilitate the generation of novel ideas for artists but also enhance the actual creative process. For instance, in the domain of painting, AI can produce images based on textual descriptions, which human artists can subsequently refine and enhance. This synergy between human creativity and AI technology holds the potential to yield more innovative and diverse artistic works. Nevertheless, the integration of AI in art is not without challenges, such as copyright concerns and the potential diminishment of the human element in the creative process. Despite these obstacles, the incorporation of AI into artistic creation is an inevitable progression in the evolution of the art world.

图6-16

提示

虽然文章润色能够显著提升语言表达的质量，但为了确保最终的英文文本既准确又地道，仍然需要专业的英语人士进行把关。原因在于，中文写作逻辑与英文语言逻辑之间存在着显著的差异。专业的英语人士能够凭借其对英文表达习惯、语法规则及学术规范的深刻理解，对文本进行精细的调整与优化，从而确保论文不仅语言流畅，而且能够精准传达作者的学术思想与研究成果。

6.3.3 语言优化模板

在写作学术论文的过程中，随着研究的深入和写作进程的推进，对文本进行多层次、精细化的打磨与完善变得尤为必要。本节将详细介绍三种关键的语言优化策略：文本降重、文本改写及段落仿写，并附上相应的DeepSeek提示词模板以辅助实施。

1. 文本降重

在撰写论文时，我们可能会发现某些段落与已发表的文献存在较高的相似度，或者在毕业论文中面临内容重复的问题。这时，需要在确保学术观点完整性的前提下，通过调整表达方式有效降低文本相似度。文本降重的核心在于对原有内容进行创造性的重组和表述，而非简单的词句替换。以下是一个利用DeepSeek进行文本降重的提示词模板示例(基于论文《应用型本科“居住空间设计”课程教学改革——以“平立面切割法”为例》)，具体效果如图6-17所示。该模板旨在指导用户更加巧妙、有效地重组语言，以降低文本相似度，同时保持学术内容的准确性和完整性。

我需要你帮助我对[前置信息]进行文本降重，以下是降重的具体要求：

1. 修改句子结构：通过改变句子的结构，例如调换句子中的词序，降低文本的重复率。

2. 替换同义词：寻找并替换文中的同义词。

3. 重新组织内容：对现有内容进行重新组织和编排，在不改变语义的情况下重新表述。

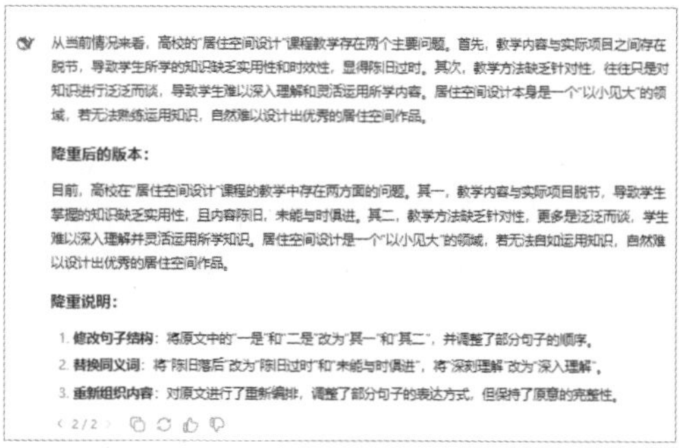

图6-17

2. 文本改写

文本改写旨在满足不同发表场景的需求，是学术研究中不可或缺的一环。在将会议论文扩展为期刊文章，或根据特定期刊要求调整文章风格时，改写的核心在于保持原有研究价值的同时，结合最新研究进展对内容进行充实与优化。一篇成功的改写不仅仅是简单的字数增加，更应当展现出对研究问题的深刻洞察与深入理解。

为了实现这一目标，可以运用以下DeepSeek提示词模板(基于论文《扩展UTAUT模型研究大学生学习AI绘画工具的意愿》)进行辅助，具体效果如图6-18所示。这些提示词旨在引导用户在保持研究核心价值的基础上，巧妙融入新数据、新观点，以及对研究问题进行深入分析，从而确保改写后的文章既符合期刊要求，又能够吸引并说服目标读者。

请你对[前置信息]进行文本的改写，以下为改写原则：

1. 抓住原文的主要意思，用全新的语言表述出来。

2. 在不改变原意的情况下，适当添加或删减一些信息，使文本更为丰富或者简洁。

3. 你也可以试着引入新的表述或数据来支持原有的观点。

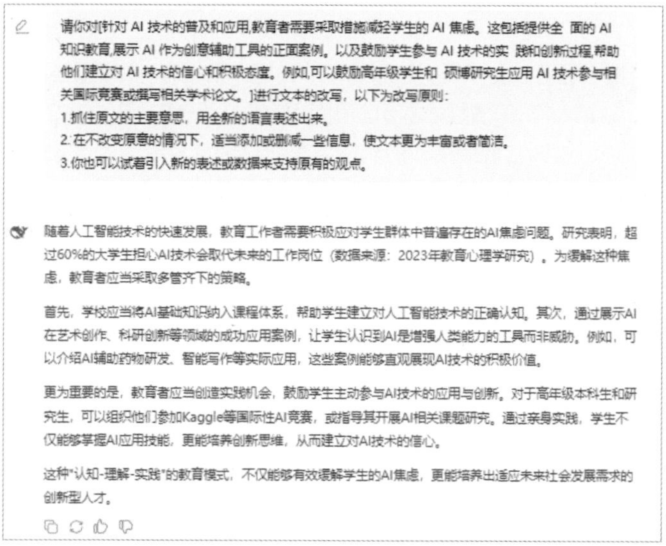

图6-18

3. 段落仿写

段落仿写是提升学术写作水平的一种高效方法，尤其对于初涉学术论文撰写的研究者而言，优秀论文的写作范式具有极高的参考价值。通过深入分析高水平论文的逻辑结构、论证方式及语言风格，研究者可以更好地把握学术写作的精髓与规律。需要强调的是，仿写并非简单地照搬照抄，而是要在深刻理解范文核心要素的基础上，结合个人的研究内容与视角，进行富有创新性的写作。

以下是一套段落仿写的提示词模板，旨在帮助研究者在仿写过程中，既借鉴优秀范文的结构与表达方式，又能够融入自己的研究特色与见解，实现真正的学术创新。

> 以上是我找到的一篇SCI论文，请你仔细地阅读并理解他的表达逻辑和写作方法。以下我将提供我的论文的题目和一些论文中的材料，请严格按照我提供的材料，模仿上文的逻辑和语言风格。请务必保持写作出来的内容是基于我的材料和内容拓展的，同时需要加入5篇参考文献，参考文献需要在文后列出。

在运用上述语言优化策略时，必须时刻铭记学术写作的核心目的：传递研究成果并推动学术进步。因此，无论是进行文本降重、改写还是仿写，都应以严谨的学术态度为基石。AI工具固然能够提供宝贵的语言优化建议，但最终的判断与决策仍需依赖于研究者的专业素养。只有将AI辅助与人工审核紧密结合，我们才能确保优化后的文本既严格遵循学术规范，又充分展现研究的原创性和创新性。

在优化过程中，我们还需特别关注文本的连贯性和一致性。在反复修改和完善的过程中，必须确保文章的整体风格与论证逻辑始终保持统一，避免因局部优化而导致整体结构出现断裂。通过合理运用这些提示词模板，并结合专业的学术判断，我们可以更有效地完成论文的语言优化工作，从而提升研究成果的学术价值与国际影响力。

6.4　各章节学术提示词模板

学术论文的规范性与逻辑性要求研究者对各章节的写作范式有精准的把握。本节聚焦于论文核心部分(绪论、摘要、讨论与结论)的学术提示词引用及结构化写作方法，旨在为研究者提供一个具有可操作性的框架。通过详细剖析各章节的功能、写作原则及常见误区，并结合总分总、SCQA等经典逻辑模型，以及DeepSeek的辅助提示词模板，系统地呈现从文献综述到结论推导全过程的技巧。

6.4.1　绪论提示词模板

学术论文的绪论部分是整篇文章的引子，其重要性不容忽视。一个出色的绪论不仅能够清晰地勾勒出研究主题，还能够激发读者的兴趣，为后续内容的展开奠定坚实的基础。下面详尽阐述绪论写作的基本原则、结构模式，以及利用DeepSeek辅助写作的有效模板。

1. 绪论写作的基本原则

在开始写作之前，需明确绪论的基本要求。绪论的篇幅具有一定的灵活性，可根据研究内容的复杂程度和期刊的具体要求进行调整，通常约占论文正文的5%～10%。无论篇幅长短，一篇完整的绪论都应涵盖以下几个关键要素：研究背景的全面梳理、科学问题的明确提出、研究意义的深刻阐述，以及文章结构的简要说明。

2. 绪论的结构

高质量的绪论写作应遵循"总—分—总"的逻辑结构。开篇从宏观角度介绍研究领域，随后逐步聚焦至具体的研究问题，最终回归到研究的整体意义。这种结构有助于读者清晰理解研究的来龙去脉，并凸显研究的创新点和价值所在。

研究者若想更好地完成绪论写作，可借鉴结构化的写作框架。其中，"四段式写作模板"备受推崇。该模板将绪论划分为研究领域综述、前人研究成果描述、研究问题引入及课题介绍四个部分，每个部分均承担特定的功能和写作要求，具体结构如下。

研究领域综述(宏观背景)：从宏观视角出发，介绍研究所属领域的重要性、发展现状及主要趋势。需引用该领域内具有里程碑意义的文献，以彰显研究课题的大背景和学术价值。

前人研究成果描述(微观背景)：通过系统梳理代表性学者的研究成果和核心观点，展现该领域的研究脉络和理论基础。特别关注近期的研究进展和技术突破，为后续引出研究问题做好铺垫。

研究问题引入(研究缺口)：在总结前人研究局限性的基础上，明确指出当前亟待解决的科学问题。既要阐述问题的挑战性，又要初步暗示解决问题的可能途径。

课题介绍(目的与意义)：清晰阐述本研究的具体目的、研究方法和预期贡献(价值)。着重突出研究的创新点，并简要说明研究的技术路线和验证方案。

另一种常用的写作框架是SCQA模式(Situation-Complication-Question-Answer)。该模式尤其适用于需要解决特定问题或具有挑战性的研究。通过逐步展开情境、呈现复杂性、提出问题并给出解决方案的方式，帮助读者深刻理解研究的必要性和价值，具体结构如下。

Situation(情境)：简洁明了地描述研究主题所处的背景环境和现状。引用关键数据或权威观点，确立研究领域的重要地位和发展态势。

Complication(复杂性)：揭示当前研究领域中存在的矛盾和挑战。通过对比不同观点、阐述实践困境或技术瓶颈，展现问题的复杂性和亟待解决的紧迫性。

Question(问题)：在复杂性分析的基础上，提炼出明确的研究问题。所提出的问题应具有理论价值和实践意义，能够推动领域的发展。

Answer(解答)：概述研究的解决方案和创新点。通过简要介绍研究思路、方法选择和预期成果，展现研究的可行性和贡献。

SCQA模式的优势在于其强大的逻辑推进能力，各部分环环相扣，形成一个完整的论证链条：从客观情境出发，通过揭示复杂性引出问题，再提出相应的解决方案。这种渐进式的叙述方式特别适合旨在解决特定实践问题或填补理论空白的研究。

在实际应用中，SCQA模式可根据研究的具体情况灵活调整。例如，对于探索性研究，可在Complication部分着重讨论理论争议；对于应用性研究，则可重点阐述实践中遇到的具体难题。此外，要保持各部分之间的逻辑连贯性，使整个绪论构成一个有机整体。

3. 绪论的提示词模板

在撰写学术论文的绪论部分时，借助DeepSeek等工具可以极大地提升写作效率和质量。以下是一个结构完整、逻辑清晰的绪论提示词模板，旨在帮助研究者系统地展开绪论部分的写作，生成示例如图6-19所示。

请基于以下结构化框架和主题【AI生成艺术图像的幻觉伦理】自动生成完整绪论章节(约1000字)，严格遵循学术规范。

领域定位：确立研究在学科发展中的坐标位置，需引用3~5篇里程碑文献(一个段落确立大背景)。

理论冲突：揭示2~3组对立学术观点，使用"Whereas Smith (2020) emphasizes...，Lee (2022) counters that..."句式(一个段落确立小背景引出矛盾与问题)。

三维缺口：理论缺口如现有模型在解释[现象]时的静态性局限，方法缺口如传统[方法]测量[变量]的效度缺陷，应用缺口如缺乏[场景]的决策支持工具(指出具体问题所在)。

问题矩阵：围绕研究目的和三个研究目标提出三个核心研究问题。

价值主张：阐明研究目的、方法创新、研究价值(一个段落)。

输出格式：连续段落文本，无分节标题，通过逻辑连接词实现层次递进。包含大背景→小背景→研究空白→问题提出→研究目的与价值。

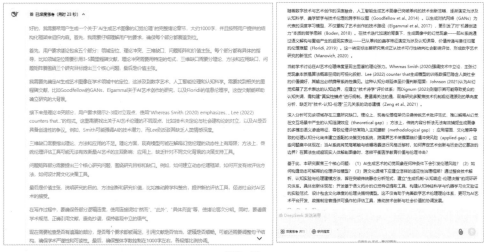

图6-19

6.4.2　摘要提示词模板

摘要作为学术论文的"门面"，其重要性不言而喻。它不仅是读者快速了解研究内容的窗口，也是决定论文能否通过初步筛选的关键。下面将详细介绍摘要的写作要求，并提供基于DeepSeek辅助写作的摘要提示词模板，以帮助研究者撰写出高质量、符合规范的摘要。

1. 摘要的写作要求

摘要的基本要求是在有限篇幅内(通常300字左右)完整呈现研究的核心内容。标准的摘要结构包含五个要素：研究背景，简要说明课题的重要性；研究目的，明确阐述待解决的问题；研究方法，需概括技术路线；研究结果，呈现主要发现；研究结论，总结核心贡献。

高质量的摘要撰写需严格遵循完整性、独立性、客观性和自明性四大原则，并通常采用第三人称叙述，保持内容的连贯性，避免分段。完整性要求在有限篇幅内涵盖所有关键信息；独立性强调摘要应能脱离正文被理解和引用；客观性体现在使用准确、客观的语言描述研究成果；自明性即不阅读全文就可以获得必要的信息。

在实际写作中，建议采用"背景一目的—方法—结果—结论"的标准结构。每个部分都应该用简洁有力的语言表达，避免冗长和模糊的描述。特别要注意的是，摘要最好在论文全部完成后再进行撰写，这样可以确保对研究有全面的把握，能够更准确地提炼出关键信息。

2. 摘要的提示词模板

为了提高摘要写作的效率和质量，可以利用DeepSeek作为智能写作辅助。以下是一个结构完整的摘要提示词模板(数据来自论文：面向大模型艺术图像生成的提示词工程研究)，生成示例如图6-20所示。

> 请仔细阅读上传的手稿并为其撰写适用于SSCI的中文学术性摘要。
>
> 首先，摘要应对研究的背景进行全面总结(一句话表达)。
>
> 然后，描述研究空白(空缺或者未被关注到的部分)。
>
> 接着，描述研究中使用的具体研究方法(混合还是实验还是定性还是定量，一句话表达)。之后写三句话来展示研究主要发现(具体写几句根据文中有几点主要结果来选择，每一个结果都可以结合讨论形成一句观点充分的表述)。
>
> 最后，强调研究的结论(独特价值或重大贡献，一句话表达)。
>
> 生成摘要后，请提供中文解释，检查你是否遵循了 Markdown 表中的说明。

图6-20

6.4.3　讨论提示词模板

讨论(Discussion)章节是学术论文中至关重要的部分，它不仅要求对研究结果进行深入解读和分析，还需要研究者展现批判性思维和主观能动性。下面将详细介绍讨论部分的写作要求，并提供基于DeepSeek辅助写作的提示词模板，以帮助研究者撰写出逻辑清晰、内容丰富的讨论章节。

1. 讨论的写作要求

讨论章节的核心任务在于对研究结果进行深度剖析，并与现有文献进行对话，展现研究的创新价值。一篇优秀的讨论应当包含以下五个核心要素。

结果解释：详细分析研究结果背后的原因，探讨为何会得到这些发现，并评估结果是否与研究假设相符。此部分要求研究者对结果进行细致解读，揭示其内在逻辑和可能的影响因素。

理论对照：将研究发现与现有文献进行对比，阐明本研究如何拓展、支持或挑战已有理论。通过引用相关文献，建立研究之间的联系，展现研究在学术领域中的位置和贡献。

影响分析：讨论研究结果对学术理论和实践应用的潜在影响。分析研究如何推动学科发展，以及在实际应用中的可能价值和意义。此部分要求研究者具备广阔的学术视野和实践洞察力。

局限反思：客观指出研究的不足之处，包括方法上的限制、数据解释的局限性等。通过反思局限，展现研究的真实性和可信度，并为后续研究提供改进方向。

未来展望：基于现有发现提出后续研究方向，包括进一步的研究问题、可能的改进方法，以及潜在的研究领域等。此部分旨在激发更多学者的兴趣和参与，推动研究的深入发展。

2. 讨论的提示词模板

为了帮助研究者更好地撰写讨论章节，以下提供一个基于DeepSeek辅助写作的讨论提示词模板(数据来自论文《人工智能驱动的数字图像艺术创作：方法与案例分析》)，生成示例如图6-21所示。

请仔细阅读上传的稿件，并为其撰写适用于SSCI的中文学术性讨论和限制章节。讨论部分要有所引用，结合前文的前人研究(相关工作或文献综述)进行横向比较，解释这个研究是否证明了前面文献的某个观点，并对特殊结果进行解释并得出合理的推论。确认证实或证伪前人研究后，分析重要结果的原因(为什么出现这个结果)，接着讨论结果出现的后果，结果有什么具体的影响(可以拓展本研究对研究领域的长远和潜在影响)。仔细确认前文有几个研究结果，每个研究结果按照以上的讨论方法进行讨论，形成三个讨论段落。

最后指出本研究的局限性，从三个方面指明研究的不足之处。例如，研究结果推广时的局限性、研究数据本身的局限性、研究方法的局限性等。请全面思考可能的局限性，但局限性不应该对本文的可靠性有严重影响，局限性形成一个段落。

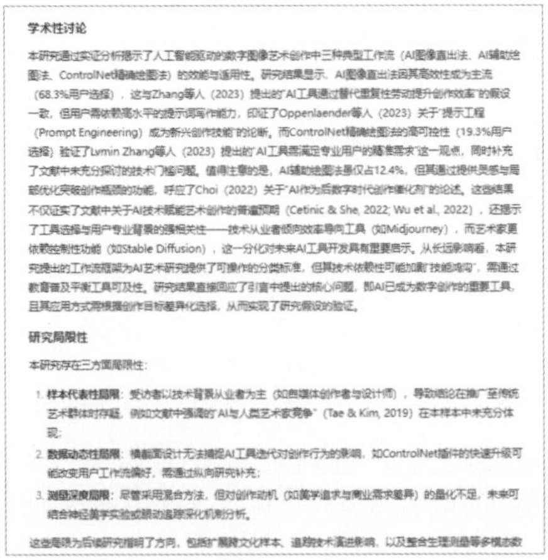

学术性讨论

本研究通过实证分析揭示了人工智能驱动的数字图像艺术创作中三种典型工作流（AI图像直出法、AI辅助绘图法、ControlNet精确绘图法）的效能与适用性。研究结果显示，AI图像直出法因其高效性成为主流（68.3%用户选择），这与Zhang等人（2023）提出的"AI工具通过替代重复性劳动提升创作效率"的假设一致，但用户需依赖高水平的提示词写作能力，印证了Oppenlaender等人（2023）关于"提示工程（Prompt Engineering）成为新兴创作技能"的论断。而ControlNet精确绘图法的高可控性（19.3%用户选择）验证了Lvmin Zhang等人（2023）提出的"AI工具需满足专业用户的精准需求"这一观点，同时补充了文献中未充分探讨的技术门槛问题。值得注意的是，AI辅助绘图法虽仅占12.4%，但其通过提供灵感与局部优化突破创作瓶颈的功能，呼应了Choi（2022）关于"AI作为后数字时代创作催化剂"的论述。这些结果不仅证实了文献中关于AI技术赋能艺术创作的普遍预期（Cetinic & She, 2022; Wu et al., 2022），还揭示了工具选择与用户专业背景的强相关性——技术从业者倾向效率导向工具（如Midjourney），而艺术家更依赖控制性功能（如Stable Diffusion），这一分化对未来AI工具开发具有重要启示。从长远影响看，本研究提出的工作流框架为AI艺术研究提供了可操作的分类标准，但其技术依赖性可能加剧"技能鸿沟"，需通过教育普及平衡工具可及性。研究结果直接回应了引言中提出的核心问题，即AI已成为数字创作的重要工具，且其应用方式需根据创作目标差异化选择，从而实现了研究假设的验证。

研究局限性

本研究存在三方面局限性：

1. **样本代表性局限**：受访者以技术背景从业者为主（如自媒体创作者与设计师），导致结论在推广至传统艺术群体时存疑，例如文献中强调的"AI与人类艺术家竞争"（Tae & Kim, 2019）在本样本中未充分体现；
2. **数据动态性局限**：横截面设计无法捕捉AI工具迭代对创作行为的影响，如ControlNet插件的快速升级可能改变用户工作流偏好，需通过纵向研究补充；
3. **测量深度局限**：尽管采用混合方法，但对创作动机（如美学追求与商业需求差异）的量化不足，未来可结合神经美学实验或眼动追踪深化机制分析。

这些局限为后续研究指明了方向，包括扩展跨文化样本、追踪技术演进影响，以及整合生理测量等多模态数

图6-21

6.4.4　结论提示词模板

结论(Conclusion)章节作为学术论文的收尾部分，承担着总结研究成果、提升研究价值，以及为未来研究指明方向的重要任务。以下将详细介绍结论的写作要求，并提供基于DeepSeek辅助写作的总结提示词模板，以帮助研究者撰写出既精炼又富有深度的结论章节。

1. 结论的写作要求

结论写作应遵循"总结—提升—展望"的逻辑框架。在总结阶段，需重申研究的核心目的，概括并凝练研究的主要发现及其核心贡献。在提升阶段，应从理论意义和实践价值两个层面进行深入阐述，展示研究对学术领域及实际应用的贡献。在展望阶段，应基于已取得的研究成果，提出具有洞察力的未来研究方向。在整个写作过程中，务必确保结论与引言相呼应，以构建一个逻辑严密、结构完整的研究闭环。结论写作包含以下关键要素。

研究主题重述：简明扼要地重申研究目的和主题，帮助读者重新聚焦研究的核心内容。

主要发现总结：精炼概括研究的主要发现和结果，避免过多细节，突出研究的核心贡献。

理论贡献阐述/实践价值分析：根据研究的具体内容，选择性地阐述研究的理论贡献或实践价值。理论贡献应明确指出研究如何拓展或深化现有知识体系；实践价值则应讨论研究对实际工作、政策制定或社会发展的指导意义。

局限性反思：虽然局限性通常放在讨论部分，但在结论中也可以简要提及，以展示研究的全面性和诚实性。指出研究存在的局限性和不足，可为后续研究提供参考。

未来展望：基于研究结果，提出有见地的未来研究方向或建议。这部分应展现出研究者的前瞻性和创新性，为后续研究提供有价值的启示。

2. 结论的提示词模板

在具体写作中，可以利用DeepSeek提供的写作辅助功能。以下是一个结构完整的结论提示词模板(数据来自论文《基于IPA分析法的AI生成室内效果图评价》)，生成示例如图6-22所示。

> 请根据前文写作适用于SSCI的专业的中文学术性结论章节(一个段落)。
>
> 结论是对于结果的个性化解读，对于客观的结果做出主观的结论判断。结论应该回应研究目的和研究问题。写作时注意以下几个要点：
>
> 结论应该是以读者为导向的，把复杂难懂的语言用普通读者能听懂的语言进行阐述。从客观结果推演出对读者有意义的结论。
>
> 结论应基于多方向，向不同的方向延伸来产生观点，如向上的方向是对结果进行抽象化思考，使用归纳的逻辑，得出普遍性规律。
>
> 结论写作时在格式上包含：研究目的、研究结论和研究价值。
>
> 结论最后可以包含一句对于结果推论的价值升华，用以拔高论文的层次。

图6-22

6.5 解析DeepSeek学术论文写作全流程

在学术写作的过程中，撰写高质量的论文不仅依赖于坚实的研究基础，还离不开高效的写作工具和方法。随着生成式人工智能(GAI)技术的蓬勃发展，AI工具已成为学术写作中不可或缺的辅助力量。DeepSeek，作为一款先进的AI写作助手，显著提升了学术论文的写作效率与质量。

本节将详细阐述如何利用DeepSeek完成学术论文撰写的各个步骤，如图6-23所示。

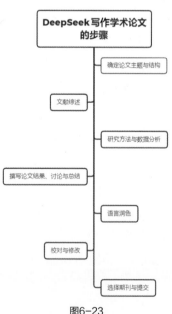

图6-23

> ▶ 确定论文主题与结构

学术论文撰写的起点在于明确研究主题。借助DeepSeek等AI工具，可以与之进行深度对话，探索研究领域的热门议题与学术前沿。AI能够为我们生成富有启发性的论文题目或研究问题，从而激发创新思维。随后，根据研究目标与宗旨，设计论文的大纲，明确其结构，涵盖引言、文献综述、研究方法、结果与讨论、结论等核心部分。

> ▶ 文献综述

文献综述在学术论文中占据举足轻重的地位，它有助于我们系统梳理已有研究成果。DeepSeek能够助力我们从各类学术数据库中快速获取最新的研究文献，这些文献包括期刊论文、会议论文、预印本等(需注意，部分数据库可能因权限问题无法直接访问，此时需结合知网、谷歌学术等专用工具进行检索)。通过与DeepSeek的紧密合作，我们能够高效地分析并总结相关领域的文献，提炼出研究结论、方法、局限性等关键信息。这些信息不仅为我们的论文提供了坚实的背景支持，还帮助我们识别出研究的空白点与待解问题，为后续研究设计指明方向。

> ▶ 研究方法与数据分析

在论文的研究方法部分，我们需要选择最适合的研究设计。DeepSeek能够为我们详细介绍不同的研究方法，包括定量研究、定性研究、实验设计等，并提供各类方法的应用实例，协助我们做出明智的选择。若研究涉及数据分析，DeepSeek还能根据数据类型与分析目标，推荐恰当的统计方法，如回归分析、方差分析、相关性检验等。此外，DeepSeek还能生成相应的代码或公式，助力我们高效地进行数据处理。

> ▶ 撰写论文结果、讨论与总结

在完成前述步骤后，利用DeepSeek辅助写作结果、讨论与总结章节。在结果部分，DeepSeek能够协助我们用准确的语言描述数据分析结果，并根据需求生成图表、表格等辅助材料，以便读者更好地理解数据的含义。在讨论与总结部分，DeepSeek还能通过对比前人的研究，深入分析数据结果的意义，提出新的研究方向或应用建议，从而增强论文的贡献度。

> ▶ 语言润色

语言润色是学术写作中不可或缺的一环。在完成论文后，DeepSeek能够进行语法检查、拼写校正，并优化句子表达，使论文更加流畅且符合学术写作规范。此外，它还能帮助我们将内容翻译为英文，以便投稿至国际期刊。

> ▶ 校对与修改

论文完成后，进行细致的校对与修改是确保论文质量的关键步骤。利用DeepSeek的审稿人指令功能，可以进行内容审查。通过AI工具的反馈，我们能够发现潜在的问题，如逻辑不清晰、内容重复或格式错误等。同时，DeepSeek还能模拟同行评审过程，从审稿人的角度对论文进行评价，并提供宝贵的改进意见。这一过程将助力我们进一步提升论文的质量和可靠性。

> ▶ 选择期刊与提交

在提交论文之前，应使用DeepSeek根据选题进行期刊推荐，确保论文符合目标期刊的要求。同时，我们还需根据提交指南准备最终稿。在完成所有修改后，即可安心投稿。

6.6 本章小结

本章深入探讨了DeepSeek在学术写作中的广泛应用，全面覆盖了从选题构思到论文最终审核的各个环节。DeepSeek凭借其智能化功能，在论文创作的不同阶段为研究者提供了强有力的支持，显著提升了学术写作的质量与效率。

首先，在选题构思与论文审核阶段，DeepSeek展现了其强大的智能辅助功能。它能够帮助研究者深入剖析现象，挖掘本质，从而确保论文结构严谨、逻辑清晰。同时，通过自动化的语法、拼写和格式检查，研究者能够迅速发现并纠正语言上的错误，使论文严格符合学术规范。

其次，在实验设计、数据分析与可视化方面，DeepSeek提供了全面的方法论支持。它不仅协助研究者科学设计实验、深入分析数据，还能够帮助制作清晰、直观的图表，从而确保实验结果的准确性和展示效果的最佳化。

再次，在学术语言的翻译、润色与优化方面，DeepSeek同样表现出色。它提供了丰富的提示词模板，助力研究者提升论文的语言表达水平，使其更加贴近国际学术标准，进而增强论文的可读性和学术价值。

最后，本章还详细列举了各个章节具体的DeepSeek学术提示词模板，这些模板无疑为研究者加速研究进程、抢占学术先机提供了有力支持。

综上所述，DeepSeek在学术写作领域的应用前景广阔，值得广大研究者深入探索与充分利用。

6.7 课后练习

▶ 练习1：选题思路选定与论文审核实践

选题思路选定：选择你感兴趣的研究领域，基于现有文献，提出三个可能的研究选题，并通过DeepSeek 工具进行分析，判断哪个选题更具有创新性和学术价值。

论文审核：选择一篇已完成的学术论文，使用 DeepSeek 的论文审核工具，对论文进行全面的审查。

▶ 练习2：学术语言优化与翻译优化实践

语言优化提示词实践：选择一段已撰写的学术文本，利用 DeepSeek进行修改和优化，确保语言清晰、规范，并符合学术风格要求。

翻译提示词实践：将一段中文学术文本翻译为英文，使用 DeepSeek 的翻译优化功能进行修改，确保翻译后的文本符合学术英文写作的标准，语言准确且流畅。

▶ 练习3：各章节学术提示词模板实践

应用提示词：选择你已撰写的学术论文章节(如绪论、摘要或结果部分)，应用本章所述的学术提示词，修改该章节内容，熟悉提示词用法和规律。

第7章
DeepSeek是求职办公的智能方程式

　　随着人工智能技术的迅猛发展，AI在求职与办公领域的应用正逐步重塑传统的工作模式与职业发展轨迹。本章将深入剖析如何利用DeepSeek等智能助手，为求职者量身定制个性化求职策略、优化简历内容、强化面试表现，并探讨如何借助AI技术提升办公效率、优化商务文案撰写及职业规划路径。在AI的助力下，求职者能够更加精准地捕捉职业发展的良机，而职场人士亦能显著提升日常工作的处理效率，进而增强个人的职场竞争力。

　　本章将以DeepSeek提供的一系列智能化的求职与办公解决方案为例，讲解其具体的使用技巧，旨在帮助用户加速求职进程，促进职业生涯的稳步提升。

7.1 求职支持

求职，作为每个人职业生涯的关键环节，其重要性不言而喻。随着职场竞争的日益激烈，如何有效展现个人优势并迅速锁定适合的工作岗位，已成为众多求职者亟待解决的难题。在此背景下，DeepSeek为求职者提供了强有力的支持工具，涵盖智能简历优化、个性化求职计划制定、面试模拟与辅导等多个方面。这些工具助力求职者精准对接岗位需求，大幅提升求职成功率。

本节将详尽阐述如何利用DeepSeek制订求职计划、提升简历品质，并通过模拟面试问题来增强面试表现，以期帮助求职者在求职之旅中走得更加顺畅。

7.1.1 个性化求职计划制订

在求职的过程中，制定一份个性化的求职计划无疑是至关重要的一步。一个既科学又高效的求职计划，不仅能够为求职者指明方向、规划路径，还能显著提升求职效率，增加成功的可能性。接下来，我们将从自我评估、目标设定两个方面，深入探讨个性化求职计划的制定之道。

1. 自我评估：了解自己的优势与不足

制定个性化求职计划的基石在于自我评估，这一过程旨在帮助求职者深入了解自己的职业兴趣、技能、经验、职业价值观，以及优缺点。通过自我评估，求职者能够明晰自己的强项所在，同时识别出需要提升的领域，从而在求职过程中做出更为明智的选择。自我评估涵盖如下几个方面。

职业兴趣：通过职业兴趣测试(如霍兰德职业兴趣测试RIASEC等)，明确自己喜欢从事的工作类型，为自己的职业发展定位。

技能与能力：全面评估自己的硬技能(如编程能力、语言能力、项目管理能力等)和软技能(如沟通能力、团队合作能力、领导力等)，了解自己的专业技能水平和综合素质。

工作经验：回顾过往工作经历，分析哪些经验可以转化为新职位的优势，哪些经历需要补充或更新。

价值观：明确自己在工作中看重的方面(如薪资福利、工作环境、职业发展机会等)，确保未来的工作与个人的核心价值观相契合。

2. 目标设定：明确求职方向与岗位要求

目标设定是求职计划的核心环节，它为整个求职过程提供了清晰的方向标。一个明确的目标能够帮助求职者在筛选职位时避免盲目性，提高求职效率。设定目标时，需综合考虑自己的职业兴趣、技能水平，以及行业趋势和目标岗位的具体需求。目标设定的关键要素包括如下几个方面。

短期目标：设定可实现且有助于逐步接近理想职位的短期目标，如每周投递简历的数量、每月完成的面试准备、每月拓展的职业网络等。

长期目标：明确自己希望从事的职位及未来的职业发展路径。例如，在两年内深入了解某领域，在五年内成为该领域的中级专业人才等。

岗位要求：深入了解目标岗位的要求，包括所需技能、经验、薪资福利等，并根据自己的实际情况设定目标岗位的具体要求，逐步完善所需技能和经验。

根据自我评估与目标设定的结果，可以设计一系列求职提示词，以帮助求职者更加精准地规划求职路径并提升求职效率，结果如图7-1所示。

我是一名26岁计算机科学与技术专业本科毕业生，为我生成一个清晰的求职目标和岗位要求并优化求职计划。以下是背景信息：具备扎实的编程基础(Java、Python、数据结构)，有6个月科技公司技术支持实习经验，曾参与校园App开发项目(前端开发)，对人工智能(AI)和数据分析领域充满热情，初步掌握数据可视化工具(Tableau、Matplotlib)的运用，但缺乏深入的AI行业经验和高级技术技能。当前关注AI在企业数字化转型中的应用(智能客服、推荐系统、数据驱动决策)，希望进入科技行业发展。

输出内容：

1. 短期目标：3~6个月内可实现的目标，如每周投递简历数量、每月完成的技能学习任务、每月拓展的职业网络。

2. 长期目标：2~5年内的职业发展路径，如目标职位和技能提升计划。

3. 目标岗位要求：适合李明的入门职位，如初级AI工程师或数据分析师助理，包括技能需求、经验要求、薪资范围和行业趋势。

要求输出的内容简洁、逻辑清晰，适合求职规划使用，字数控制在300字以内。

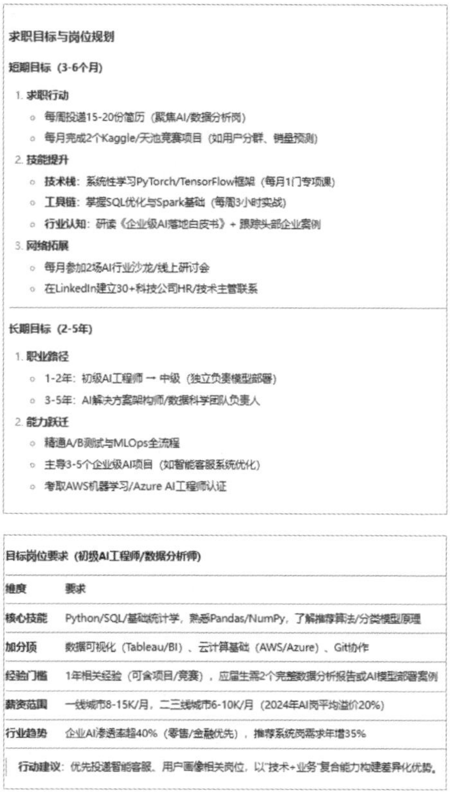

求职目标与岗位规划

短期目标（3-6个月）

1. **求职行动**
   - 每周投递15-20份简历（聚焦AI/数据分析岗）
   - 每月完成2个Kaggle/天池竞赛项目（如用户分群、销量预测）
2. **技能提升**
   - **技术栈**：系统性学习PyTorch/TensorFlow框架（每月1门专项课）
   - **工具链**：掌握SQL优化与Spark基础（每周3小时实战）
   - **行业认知**：研读《企业级AI落地白皮书》+ 跟踪头部企业案例
3. **网络拓展**
   - 每月参加2场AI行业沙龙/线上研讨会
   - 在LinkedIn建立30+科技公司HR/技术主管联系

长期目标（2-5年）

1. **职业路径**
   - 1-2年：初级AI工程师 → 中级（独立负责模型部署）
   - 3-5年：AI解决方案架构师/数据科学团队负责人
2. **能力跃迁**
   - 精通A/B测试与MLOps全流程
   - 主导3-5个企业级AI项目（如智能客服系统优化）
   - 考取AWS机器学习/Azure AI工程师认证

目标岗位要求（初级AI工程师/数据分析师）

维度	要求
核心技能	Python/SQL/基础统计学，熟悉Pandas/NumPy，了解推荐算法/分类模型原理
加分项	数据可视化（Tableau/BI）、云计算基础（AWS/Azure）、Git协作
经验门槛	1年相关经验（可含项目/竞赛），应届生需2个完整数据分析报告或AI模型部署案例
薪资范围	一线城市8-15K/月，二三线城市6-10K/月（2024年AI岗平均溢价20%）
行业趋势	企业AI渗透率超40%（零售/金融优先），推荐系统岗需求年增35%

> **行动建议**：优先投递智能客服、用户画像相关岗位，以"技术+业务"复合能力构建差异化优势。

图7-1

7.1.2　智能简历生成与优化

在求职过程中，简历无疑是求职者展现个人职业历程、能力与特色的核心工具，其重要性不言而喻。简历的质量，直接关乎招聘人员对求职者的第一印象。因此，如何精心打造一份既精美又贴合职位要求的简历，成为每位求职者必须面对的关键挑战。随着人工智能(AI)技术的蓬勃发展，智能简历生成与优化技术应运而生，为提升求职成功率开辟了新途径。借助智能化工具的强大功能，求职者得以迅速生成个性化的简历，并实时优化其内容，使之更加精准地贴合招聘市场的需求。

1. 智能简历生成

智能简历生成技术，依托大数据与自然语言处理(NLP)的深厚底蕴，能够在求职者输入基础信息后，迅速构建出符合职业需求的简历框架。该技术通过对海量简历模板、招聘信息及行业标准的深度学习，助力求职者打造出结构严谨、专业性强且具备市场竞争力的简历。智能简历生成的基本流程涵盖以下几个环节。

数据收集与输入：求职者需提供个人基本信息，涵盖个人基本资料、工作经验、学历背景及专业技能等，这些信息将成为智能简历生成系统的数据基石。

简历模板选择与定制：依据求职者的职业领域和岗位需求，AI系统会智能匹配预设的简历模板，生成相应的框架。不同岗位对简历模板的侧重各异，如技术类岗位可能更聚焦于技能和项目经验，而销售岗位则可能更强调业绩与客户管理经验。

简历内容优化： 围绕求职者的职业目标，智能系统会对简历内容进行细致优化，确保每项内容都能凸显求职者的优势，并与招聘岗位的要求高度契合。系统会运用简洁有力的语言，帮助求职者清晰展现其工作成果与能力。

根据求职者提供的基础信息，AI可以设计一系列关于智能简历生成与优化的提示词，并以一种清晰、逻辑连贯的方式呈现出来，结果如图7-2所示。

我是一名22岁天津美术学院视觉传达设计专业本科毕业生，帮助我申请初级UI/UX设计师岗位，提升简历通过率。我熟练掌握Photoshop、Illustrator、Figma等设计软件，具备扎实的UI设计能力和用户体验优化经验，6个月平面设计公司实习经验，参与过校园宣传海报设计项目(使用Figma完成交互原型)，对界面设计和用户研究感兴趣。

输出内容

1. 简历选择：设计类岗位，侧重创意与项目经验。

2. 简历结构：每部分标题和简要内容大纲，如专业技能(Photoshop、Figma)。

3. 优化建议：突出竞争优势，符合初级UI/UX设计师岗位需求。

要求输出的简历视觉简洁、逻辑清晰，适合求职使用，使用HTML制作。

图7-2

2. 简历优化

简历优化是智能简历生成后不可或缺的关键环节。通过精心细化内容、准确量化成果及合理调整格式，能够显著提升求职者简历的吸引力和通过率。

下面对22岁视觉传达设计专业本科毕业生张琳(目标职位：初级UI/UX设计师)的简历进行优化。优化重点聚焦于张琳的专业技能、项目经验，以及与行业需求的高度契合，旨在确保简历能够精准匹配岗位要求。

量化数据是简历优化的核心要素，能够直观展示求职者的成果和能力，提升招聘人员的关注度。针对张琳的背景，可在以下方面加入量化。

工作经验： 在为期6个月的平面设计公司实习期间，张琳成功设计了20份客户宣传海报，不仅丰富了她的实战经验，还使得客户满意度提升了15%。这一数据直观地展示了张琳在平面设计领域的专业素养和实际操作能力。

项目成果： 在校园宣传海报设计项目中，张琳利用Figma软件完成了交互原型的设计，成功吸引了5000多名学生浏览，并且项目好评率高达90%。这一数据不仅体现了张琳在UI/UX设计方面的创新思维和实践能力，彰显了她在项目管理和用户体验优化方面的潜力。

　　技能应用：张琳熟练掌握Photoshop、Illustrator和Figma等设计软件，曾设计30多个UI界面，并通过不断的优化设计，使得用户体验测试通过率提升了25%。这一数据充分展示了张琳在专业技能方面的扎实基础和不断追求卓越的精神。

　　以下是优化简历的提示词模板，结果如图7-3所示。

我是一名22岁天津美术学院视觉传达设计专业本科毕业生，目标是提升初级UI/UX设计师岗位的通过率。输入信息：我具备Photoshop、Illustrator、Figma设计基础，熟练UI设计和用户体验优化，6个月平面设计公司实习经验，参与校园宣传海报设计项目(使用Figma完成交互原型)，对界面设计和用户研究感兴趣，但缺乏移动端设计经验。

输出内容

1. 优化后的工作经验描述：图形呈现，加入量化数据，如提升客户满意度15%。

2. 优化后的项目成果描述：图形呈现，突出用户数和成果，如5000多名学生浏览。

3. 优化建议：补充技能如移动端UX、加入关键词"响应式设计"，提升ATS通过率。

要求输出内容简洁、逻辑清晰，适合求职使用的简历，使用HTML制作。

图7-3

7.1.3　面试问题生成步骤与原则

　　在求职旅程中，面试无疑是一个至关重要的环节，它不仅是求职者展示自身能力和魅力的舞台，更是决定其能否成功获得职位的关键。无论面对的是初级还是高级职位的面试，充分准备面试问题的答案能显著提升求职者的通过率，并使其在众多候选人中脱颖而出。以下将深入剖析如何利用DeepSeek生成面试问题，并提供针对性的回答技巧指导，助力求职者在面试中展现更加自信、专业的形象。

1. 面试问题生成

　　面试问题的生成是面试准备不可或缺的一环，通过预先准备并练习可能遇到的问题，求职者能在面试中更加从容自信，充分展现个人优势。DeepSeek在此过程中扮演着重要角色，它能够根据求职者的个人背景、岗位要求和行业特点，智能生成一系列有针对性的面试问题，这些问题涵盖个人问题、行为面试问题和专业技能问题等多个方面。

　　基于求职者的背景信息，如学历、工作经验、技能和兴趣等，DeepSeek能够生成涵盖多个领域的问题。面试问题的生成流程如下。

个人背景问题：这类问题通常涉及求职者的基本信息、职业目标及动机等。例如，"请简要介绍一下自己""你选择我们公司的理由是什么"，以及"你认为自己的最大优势是什么"等。

行为面试问题：行为面试法是众多公司评估候选人是否具备核心能力的常用手段。常见的问题有"请分享一次你成功解决团队冲突的经历"和"面对压力时，你是如何有效应对的"等。

专业技能问题：根据岗位的不同，专业技能问题旨在评估求职者在特定领域的专业知识和工作能力。例如，对于软件工程师岗位，问题可能是"你如何优化一个网站的加载速度"；而对于市场营销岗位，问题则可能是"如何通过数据分析来优化营销策略"等。

2. 使用DeepSeek生成面试问题的原则及提示词

在使用DeepSeek辅助提升面试能力时，我们应遵循如下几个核心原则。

一是行为事件回溯法，其逻辑精髓在于通过引导候选人详尽地回顾并描述具体的工作场景(Situation)、所承担的任务目标(Task)、所采取的行动过程(Action)，以及最终的结果和影响(Result)，从而全面而准确地评估其真实的能力水平。以下是根据这一原则，DeepSeek提供的提示词示例，结果如图7-4所示。

> 请模拟面试官，针对[项目管理]岗位，设计一个基于STAR法则的提问，要求：
> 1. 问题必须包含具体情境(如紧急项目、资源不足)。
> 2. 引导候选人描述可量化的行动细节。
> 3. 追问结果的影响范围和后续改进。
> 示例输出
> 请分享一个您负责的跨部门项目案例。当时面临的最大挑战是什么？您采取了哪些具体措施(请列举至少3个关键行动)？最终项目成果如何量化评估？如果重来一次，您会如何优化？

图7-4

二是压力情境模拟法(也称极限条件测试)，其核心逻辑在于通过精心设计的极端工作场景(如时间极度紧迫、资源严重不足、面临多方冲突等)，来观察和分析候选人在这些高压环境下的应变能力、快速决策能力，以及逻辑思维。以下是根据这一原则，DeepSeek提供的提示词示例，结果如图7-5所示。

请模拟面试官，为[产品经理]岗位设计一个压力测试问题，要求：

1. 设置一个资源极度受限的场景(如预算砍半、时间压缩至1/3)。
2. 包含至少两个矛盾目标(如用户体验VS开发成本)。
3. 引导候选人展示优先级判断和取舍逻辑。

示例输出

假设您负责的产品即将上线，但研发团队突然告知核心功能需要延期2周。此时距离发布会只剩5天，您会如何调整方案？请具体说明您的决策依据和执行计划。

压力测试问题：

您负责的教育类APP原计划在3个月内推出"AI智能辅导"和"实时多人协作白板"两大核心功能，总预算为80万元。但公司因战略调整，要求项目必须在1个月内上线，预算削减至30万元，且技术团队需抽调50%人员支持其他项目。与此同时，监管部门新规要求所有教育产品必须通过"未成年人数据隐私认证"（耗时2周、占用20%剩余预算），否则无法上架。**您将如何重新规划项目？请具体说明功能取舍、资源分配策略，并平衡合规风险与用户体验。**

考察点：

1. **矛盾目标：**
   - **功能完整性 vs. 合规强制性**：若优先合规认证，则核心功能开发资源进一步受限；若推迟认证，产品无法上线。
   - **用户体验 vs. 成本/时间**：例如，保留AI辅导的完整交互需更多开发量，可能挤占合规资源。
2. **优先级判断与取舍逻辑：**
   - **强制合规**：认证是上线前提，需无条件保障，但可优化流程（如并行测试与文档准备）。
   - **功能价值评估**：根据用户痛点（如AI辅导解决1v1师资短缺 vs. 白板满足小组学习场景）和数据验证结果（如有）确定优先级。
   - **MVP设计**：例如将"AI辅导"简化为预设题库答疑，而非动态生成内容；白板保留基础画笔功能，舍弃协同编辑历史回溯等高级特性。
3. **执行计划示例：**
   - **第1周**：集中剩余技术团队70%人力与预算完成隐私认证开发，同步用30%资源梳理两大功能可删减的需求清单。
   - **第2周**：启动认证流程，同步开发MVP版功能，优先上线单一核心功能（如选择AI辅导，因教育用户付费意愿更依赖内容价值）。
   - **第3-4周**：白板功能以降级形态（如异步批注）作为"隐藏实验室功能"小范围测试，收集反馈为后续迭代铺垫，同时避免宣传承诺未达预期。

提示候选人深挖方向：

- "若必须保留双功能，您会如何说服管理层追加资源或调整认证优先级？"
- "如何向已预热用户沟通功能变更，降低流失风险？"

图7-5

三是文化适配性探测法(也称价值观与行为模式匹配法)，其核心逻辑在于通过巧妙设计与企业文化、团队风格紧密相关的情境问题，来深入评估候选人的价值观、工作习惯，以及行为模式是否与组织高度契合。以下是根据这一原则，DeepSeek提供的提示词示例，结果如图7-6所示。

请模拟面试官，为[创业公司技术负责人]岗位设计一个文化适配性问题，要求：

1. 包含创业公司典型特征(如“快速迭代”“资源有限”)。
2. 设置价值观冲突场景(如质量VS速度)。
3. 引导候选人展示其决策逻辑和团队协作方式。

示例输出

在创业环境中，我们经常需要在有限资源下快速决策。请分享一个您曾经在“质量”和“速度”之间做出取舍的案例。您是如何平衡的？最终结果如何？如果团队对您的决策有不同意见，您会如何处理？

图7-6

四是未来潜力评估法(也称学习能力与成长性测试)，其核心逻辑聚焦于通过评估候选人在面对新领域、新技术或复杂多变环境中的学习速度、适应能力和创新潜力，来预测其未来的成长空间和可能性。以下是根据这一原则，DeepSeek提供的提示词示例，结果如图7-7所示。

请模拟面试官，为[AI算法工程师]岗位设计一个潜力评估问题，要求：

1. 包含新技术或新领域的挑战(如从0到1学习新技术栈)。

2. 引导候选人描述具体的学习方法和成果。

3. 追问其如何将新知识应用于实际工作。

示例输出

AI领域技术更新迭代很快，请分享一个您最近学习的全新算法或框架。您是如何在短时间内掌握它的？学习过程中遇到的最大困难是什么？您如何将这项新技术应用到实际项目中？

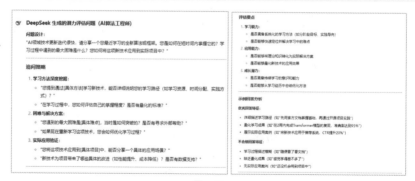

图7-7

获得DeepSeek所提供的面试问题后，我们可以进一步深入考虑如何作答，并在面对各类具体问题和情境时进行详尽的自我反思。当在回答过程中遭遇难题，或是对如何组织语言感到不确定时，我们可以随时向DeepSeek求助，以获取更加精炼且有效的答案。DeepSeek不仅能够协助我们分析回答的逻辑性和深度，还能依据反馈提出针对性的表达改进建议。

DeepSeek具备根据实际回答和反馈提供个性化训练的能力。举例来说，若求职者的回答显得过于简略，或是缺乏具体实例作为支撑，DeepSeek会贴心地建议求职者补充详尽信息，甚至主动提供可能的情境细节，以帮助求职者构建出更具说服力的答案。借助这种互动模式，求职者能够在与DeepSeek的每一次交流中，不断精进自己的回答技巧，提升回答的精确度和自信心。

7.2　办公效率提升与职业规划

在职场环境中，提升工作效率与制定明确的职业发展规划，是每位职场人士追求的目标。DeepSeek不仅具备智能文档处理和邮件写作的功能，助力职场人士节省宝贵时间，还擅长提供商务写作技巧，使工作沟通更加专业、高效。此外，通过生成个性化的职业规划书，DeepSeek能帮助职场人士深刻认识自身优势，明确发展方向，制定出切实可行的职业规划。无论是处理日常办公事务，还是规划个人职业生涯，DeepSeek都是职场人士不可或缺的强大助手。

7.2.1　智能文档处理与邮件写作

在快节奏的现代职场中，高效处理文档与撰写邮件已成为职场人士的基本功。面对繁重的工作任务，如何保持高效，并确保文档与邮件信息的传达准确无误，是衡量职场人士工作能力的重要标尺。DeepSeek的智能文档处理和邮件写作功能，能够大幅提升工作效率，减少烦琐的重复劳动，为职场人士节约更多时间专注于核心工作，从而在激烈的职场竞争中占据先机。

1. 智能文档处理

▶ 智能文档创建与模板应用

智能文档创建与模板应用功能在日常工作中发挥着重要的作用，尤其是在编写报告、会议纪要、业务计划等高频文书时。DeepSeek凭借其先进的智能分析技术和模板生成能力，极大地简化了文档创建的流程，助力用户迅速产出高质量的文档。用户仅需提供少量的基础信息，DeepSeek便能即刻生成一个贴合需求的文档框架，并自动填充相关内容，使文档既专业又高效。

以工作报告为例，用户只需简要概述报告的主题、目标及核心要点，DeepSeek便会依据这些信息，迅速打造出一个结构严谨、语言精炼且格式规范的报告。以下是一个智能生成的报告示例模板，展示了DeepSeek如何在实际工作中为用户节省时间并提升效率。

> 请根据以下信息生成一份工作报告。
> 报告主题：[填写主题，如季度销售总结]。
> 报告目标：[填写目标，如分析Q3销售数据、制定Q4策略]。
> 重点部分：[填写重点，如区域销售对比、客户反馈分析、改进建议]。
> 报告格式：[选择格式，如PPT/Word/邮件]。
> 语言风格：[选择风格，如正式/简洁/商务]。

▶ 文档内容优化与语法检查

文档内容优化与语法检查是DeepSeek另一项强大的功能，它不仅能辅助用户生成新文档，还能对已存在的文档进行深度优化和完善。无论是正在撰写中的草稿，还是已经完成的正式文件，DeepSeek都能提供精准而高效的修改建议。其内置的智能语法分析引擎，如同一位经验丰富的编辑，能够敏锐地捕捉到文档中的拼写错误、语法瑕疵，以及逻辑不清之处，并即时提供改进方案。

以下是一个利用DeepSeek进行文档内容优化与语法检查的示例，展示了它如何帮助用户提升文档质量。

请分析以下文本中的冗余句子，并提供优化建议。

原文：[粘贴需要优化的文本]。

优化目标：[选择目标，如简洁/专业/流畅]。

目标读者：[填写读者，如技术团队/管理层/客户]。

> **数据分析报告自动化生成**

数据分析报告自动化生成是DeepSeek为数据密集型岗位，如市场分析师、财务人员及项目经理等，量身打造的一项高效工具。借助这一功能，用户仅需导入基础数据集，DeepSeek便能迅速完成数据分析，并依据预设的模板自动生成详尽的报告，极大地减轻了职场人士的工作负担，同时确保了报告的专业性和准确性。

以下是DeepSeek在市场调研报告自动化生成中的一个应用示例，展示了其如何从原始数据出发，自动生成包含趋势分析、统计图表及结论的完整报告。

请根据以下数据集生成一份数据分析报告。

数据集：[上传或描述数据集，如2024年Q1销售数据]。

报告主题：[填写主题，如季度销售分析]。

分析目标：[填写目标，如识别销售趋势、评估区域表现]。

报告格式：[选择格式，如PPT/Word/PDF]。

语言风格：[选择风格，如正式/简洁/商务]。

2. 邮件写作

电子邮件作为现代职场沟通的主渠道，其重要性不言而喻。然而，撰写既专业又清晰的邮件，对许多人而言往往是一大挑战。

DeepSeek凭借其智能邮件写作功能，能够依据不同情境与受众，自动生成贴合需求的邮件模板，无论是日常寒暄、客户拜访、项目进展更新，还是商务洽谈，DeepSeek都能轻松应对。例如，在处理客户反馈时，DeepSeek能够提供针对性的回复模板，根据客户的问题或建议，自动生成礼貌且专业的回应邮件。DeepSeek还能够根据邮件的目标，建议合适的语言风格和措辞，使邮件内容既有亲和力又不失专业度。

邮件沟通往往需要结合具体场景来写作，如客户跟进、跨部门协作和敏感信息沟通等。以下是DeepSeek根据不同场景生成提示词的示例。

> **客户跟进邮件**

在客户关系管理的精细工作中，跟进邮件扮演着维系客户纽带、驱动合作进程的关键角色。一封出色的跟进邮件，其精髓在于深刻洞察客户需求，并精心提供切实可行的解决方案和行动路径，以此激发客户的兴趣。

借助DeepSeek的智能邮件生成能力，我们可以轻松依据客户的行业特性、业务瓶颈及过往的交流档案，迅速定制出一封既彰显专业性又高度贴合客户需求的邮件，这一创新举措无疑将大幅提升客户的回复积极性与合作意愿。

生成一封[客户职位+行业]跟进邮件，要求：

1. 包含3个定制化洞察。

2. 提出1个具体合作切入点(与客户业务痛点关联)。

3.提供2种后续行动选项(如方案讲解/案例分享)。

4.语气平衡专业性与亲和力(避免过度销售感)。

▶ 跨部门协作邮件

跨部门协作在职场环境中历来是一大挑战，尤其在资源紧张、时间紧迫的背景下，如何精准传达需求并迅速获得支持显得尤为关键。一封高效的协作邮件，其核心在于明确阐述目标、量化合作价值，并提供灵活的备选方案，以此减轻接收方的负担，提升响应速度。

DeepSeek凭借其智能生成技术，能够迅速打造出一封结构严谨、数据翔实的协作邮件，确保信息的精准传达，同时深化团队间的协同作业效果。

生成一封协调[目标部门]支持[项目名称]的邮件，要求：

1.用数据说明协同价值(如节省人力/缩短周期)。

2.明确需求细节与时间节点。

3.添加备选方案降低接收方压力。

4.包含协作进度看板链接。

▶ 敏感信息沟通

在处理敏感信息，诸如数据泄露、项目延期或客户投诉等关键事宜时，邮件的表述方式与结构布局对于维系客户及同事间的信任至关重要。一封撰写得当的敏感信息邮件，往往遵循"缓冲引入—客观陈述事实—明确行动方案"的逻辑框架，既诚实地揭示问题，又彰显出积极主动的解决姿态。

DeepSeek智能平台能够迅速生成遵循这一严谨逻辑的邮件模板，同时内嵌具体的补救措施与补偿方案，力求将负面影响降至最低，有力维护企业的形象。

生成一封关于[敏感事项]的告知邮件，要求：

1.使用「缓冲—事实—行动」结构。

2.包含3项已采取的补救措施。

3.提供2种客户补偿选项。

4.避免法律风险表述。

7.2.2　商务写作技巧

商务写作，作为职场沟通的核心部分，其重点在于通过精炼的文字精准传达信息、推动决策进程，并在此过程中塑造专业的个人或企业形象。优秀的商务写作，需兼具严密的逻辑性、高度的简洁性，以及无可辩驳的说服力，同时根据受众的不同身份及具体场景需求，灵活调整表达策略。

DeepSeek的智能写作平台，不仅提供了基础的语法检查与模板生成服务，更通过其独特的结构化引导功能，助力用户迅速掌握商务写作的核心精髓。下面将详细剖析商务写作的原则、场景化技巧，以及DeepSeek在商务写作中的实战应用。

1.商务写作的黄金原则

▶ 明确写作目标

核心问题：每一篇商务文档的核心使命在于设定一个清晰明确的最终目标，即引导读者在阅读完毕后采取特定的行动。这一行动可能是批准某项预算、做出关键决策，或是执行一项具体任务。

明确写作目标对于作者而言至关重要，因为它能帮助作者集中精力，剔除冗余信息，从而提高写作效率与文档质量。

解决方案：在撰写商务文档的开头部分时，务必简洁而明确地概括出核心目标，直接回答"我希望读者在阅读此文档后能采取何种具体行动"这一问题。这样的目标陈述需保证清晰且直接，坚决避免使用模糊或含糊不清的表述。为了进一步强化文档的行动导向性，建议采用"动词+量化结果"的句式结构，以此确保目标不仅具体明确，而且具有高度的可操作性。例如，可以表述为"申请30万元资金用于A项目的测试阶段，旨在通过实施该项目，预计能够提升用户留存率至15%"。这样的表述方式清晰地指出了所需预算、资金用途，以及预期能够实现的量化成果。

使用"动词+量化结果"句式强化行动导向，提示词示例如下。

> 请为以下目标生成一段开场陈述。
> 目标：申请市场调研预算。
> 关键数据：预算金额10万元，预计覆盖5个城市、1000名用户。
> 期望结果：优化产品定位策略。

▶ 金字塔结构分层论证

核心问题：在商务写作，特别是报告、提案或会议纪要中，信息堆砌现象屡见不鲜，这不仅加大了阅读难度，还容易使读者产生阅读疲劳，进而难以聚焦于核心内容。为了提升写作效率，同时确保信息传达的有效性，金字塔结构被证明是一种极为有效的策略。该结构主张"结论先行"，通过构建简洁明了的分层体系，助力读者迅速把握文档精髓。

解决方案：在撰写商务报告时，首要任务是于开篇段落清晰、直接地阐述核心结论，以此确保读者能够迅速把握报告的主旨。这一核心结论需简洁明了，易于理解，为后续内容的展开奠定坚实基础。紧接着，报告应按照"问题—分析—建议"的逻辑框架进行分层阐述。每个段落应紧密围绕一个中心议题，依次展开问题陈述、深入分析及针对性建议。在此过程中，每个层次建议最多列出三个核心要点，以保持内容的精炼与聚焦，有效避免信息冗余。通过这样的结构化布局，读者能够轻松捕捉报告的重点，确保论证过程既条理清晰又说服力十足。提示词如"关键发现""原因分析"及"行动建议"等，可作为引导读者深入理解的辅助工具。

> 将以下会议记录转换为金字塔结构报告。
> 原始内容：[粘贴杂乱讨论文本]。
> 核心结论：需优先解决供应链延迟问题。
> 重点层级：问题现象→根本原因→短期应对方案→长期优化建议。

2. 场景化写作技巧与DeepSeek实战

▶ 项目提案写作：用数据穿透决策阻力

常见痛点：众多项目提案因缺乏具体的数据支撑，内容往往过于笼统，难以让决策者深刻认识到项目的实际价值与重要性，进而可能导致提案遭遇搁置的命运。

破局方法：为了增强提案的说服力，应巧妙融入数据化分析与对比。一个行之有效的策略是：通过数据放大痛点，即利用精确数据揭示当前存在的问题与挑战；进行方案对比，构建一个成本与收益相互平衡的矩阵，直观展示不同方案的优劣；设计风险对冲措施，提供备选方案及灵活的退出机制，以应对潜在风险与挑战。这一策略旨在全面清除决策过程中的潜在障碍，确保提案能够顺利推进。

DeepSeek提供的提示词示例，可作为构建有力提案的辅助工具。

请为以下提案生成框架。

用户痛点：当前订单流失率22%(通过客服工单分析发现)。

提案方案：开发智能退款审核系统，优化退款流程。

预期收益：减少人工审核时长50%，将订单流失率从22%降低至15%。

资源需求：预计需要15人/天的开发量，云服务成本8万元。

对比选项：外包开发。外包开发虽然节省20%的成本，但可能会降低系统迭代的灵活性。

▶ 复盘报告写作：从归因到行动转化

常见痛点：众多复盘报告往往过于聚焦客观条件的陈述，却忽视了责任归属的明确，以及深层原因的剖析，这直接导致了问题难以得到根本性的解决。

破局方法：采用STAR-R模型(Situation、Task、Action、Result、Reflection)，能够全面而精确地描绘出事件的背景、所承担的任务、采取的行动、取得的结果，以及事后的深刻反思。尤为重要的是，结合"5Why分析法"，能够深挖问题的根源，揭示隐藏在表面现象背后的深层次因素。这一方法不仅能够助力团队明确改进的方向，更能激发实际行动，推动真正的变革与提升。

DeepSeek提供的提示词示例，可作为撰写高效复盘报告的有力工具。

请基于以下数据生成复盘报告结论段。

目标：Q3用户增长目标为30%。

实际结果：用户增长仅为12%。

关键障碍：渠道投放ROI低于预期(实际ROI为1:1.2，目标为1:2)。

深层原因：素材未针对Z世代用户优化，A/B测试中点击率相差2倍。

▶ 营销文案写作：从功能陈述到情感共鸣

常见痛点：众多营销文案往往局限于对产品技术参数的简单罗列，未能将这些技术优势与用户的日常生活场景紧密相连，从而使文案难以触动人心，无法引发共鸣。

破局方法：运用FAB法则(Feature、Advantage、Benefit)，可巧妙地将产品的功能属性转化为用户可感知的具体场景与切实收益。通过情感化的语言表述，不仅要传达出产品的独特卖点，更要触动潜在客户的内心情感，激发他们的购买欲望。这种策略旨在构建一个情感与理性并重的营销叙事，让文案不仅是信息的传递者，更是情感的催化剂。

DeepSeek提供的提示词示例，为撰写出吸引人的营销文案提供灵感与指导。

功能：轻松解析100种文件格式，让多样信息一目了然。

优势：依托NLP技术，语义分析准确率高达98%。

目标用户：针对HR部门简历筛选工作设计，让烦琐的工作变得简单。

用户收益：助力HR部门削减80%的重复筛选任务，让招聘流程效率倍增。

▶ 会议纪要写作：从记录到决策追踪

常见痛点：会议纪要时常未能全面捕捉关键决策点，且责任分配模糊不清，这直接导致了后续执行阶段的困难重重，难以确保各项任务得到有效落实。

破局方法：在会议纪要中明确使用DRI(直接责任人)原则，为每一项任务清晰标注直接负责人，并确立具体的时间节点。这一做法不仅确保了责任归属的明确性，还大大提升了任务执行的透明度。同时，建议在纪要中为潜在风险加上"红旗标注"，通过这一视觉提示，决策者能够迅速识别任务执行过程中可能遇到的风险与挑战，从而提前规划并采取有效的防范措施。

DeepSeek提供的提示词示例，将为撰写既详尽又高效的会议纪要提供有力支持。

> 请将以下语音转录内容整理为会议纪要。
> 原始录音：[上传音频或文字]。
> 重点提取：提取会议中的决策事项、待办任务、争议点等。
> 输出要求：按"结论—责任人—时间节点—风险"的结构呈现。

还有一些高级写作技巧值得借鉴。例如，隐喻与类比手法的运用，能够将抽象复杂的概念巧妙转化为贴近生活的日常比喻，使读者更容易理解。比如，我们可以将数据中心比作城市的供水系统，它集中处理数据后再按需分配，这一形象化的比喻立刻让人豁然开朗。

另外，反向提问法也是提升提案说服力的有效策略。在提案中预先设定质疑，并紧接着给出有力的回应，能够增强论证的严密性和逻辑性。例如，面对"为什么选择A方案而非B方案？"的疑问，我们可以清晰地阐述："选择A方案，是因为它完美兼容现有架构，迁移成本能够降低60%，相较于B方案具有显著的优势。"这样的反向提问与回应，不仅展现了提案的深思熟虑，也大大增强了其说服力。

7.2.3 职业规划书生成

在职场中，职业规划书是一个人职业生涯的蓝图，它不仅能够帮助职场人士明确自己的职业目标，还能提供一个具体的行动步骤，帮助其在职业道路上有条不紊地前进。职业规划书的编写通常需要考虑个人的兴趣、技能、职业目标，以及发展路径等多方面内容。

DeepSeek能够根据用户提供的个人背景信息、目标和需求，帮助其高效、准确地生成个性化的职业规划书，为其职业生涯的发展铺平道路。

1. 职业规划书的意义与目标

职业规划书是求职者或职场人士用于明确个人职业目标、发展路径及实现策略的重要工具。它不仅是求职过程中对个人能力与意愿的全面总结，更是实现长远职业目标的行动蓝图。职业规划书对于个人在职场中的自我定位、发展方向的明确，以及每一步成长策略的制定均起着至关重要的作用。

具体而言，职业规划书的目标可归纳为如下几点。

明确职业目标：协助职场人士清晰界定自己的长期与短期职业追求，确保职业发展的方向性。

评估个人优势与不足：深入分析个人的优势、技能和经验积累，同时识别存在的短板，并据此制订针对性的提升计划。

制定职业发展路径：依据个人兴趣、能力及市场需求，确立职业发展的大致方向和具体路径，规划出切实可行的步骤与行动计划。

优化职业成长策略：提供增强职业竞争力的有效建议，包括推荐适合的进修课程、资格认证等，以促进个人的持续成长与发展。

2. 深度自我认知: 职业发展的基石

在职业发展的过程中, 深度自我认知是每位职场人士必须具备的素质, 唯有深入了解自己在兴趣、能力及性格方面的独特之处, 才能有效地规划职业目标, 并制定出切实可行的行动路线。通过自我认知, 职场人士能够避免盲目地选择职业方向, 从而大大减少职业发展过程中的迷茫与困惑。

若要达成深度自我认知, 以下三个分析维度可为我们提供系统性支持框架。

兴趣与价值观: 借助诸如霍兰德职业兴趣测试、盖洛普优势识别器等专业工具, 求职者能够清晰地认识到自己偏好的职业类型, 以及驱动自己不断前行的内在动机。这些兴趣测试不仅能够帮助我们了解自己真正契合的职业方向, 还能揭示出与自身性格高度匹配的工作领域。

能力与潜力: 通过能力评估, 求职者可以客观地审视自己的技能水平, 这包括硬技能(如编程、设计能力)与软技能(如沟通、领导能力)。在这一环节, 我们需要识别出自己已经具备哪些技能, 哪些尚需进一步提升, 以及哪些潜在能力能够通过持续的学习与实践得到充分的释放。硬技能的提升通常可以通过参加专业课程、参与实践项目等方式来实现, 而软技能的提升则更多地依赖于日常工作中的实践与不断的自我反思。

性格适配性: 性格特征对职业选择具有深远的影响。每个人的性格都是独一无二的, 有些人可能更适合团队合作与交流频繁的岗位, 而另一些人则可能更擅长独立工作并进行深度分析。通过MBTI(迈尔斯-布里格斯性格测试)或大五人格模型等性格测试工具, 求职者可以更加深入地了解自己的性格特点, 并根据自己的性格优势来选择最适合的职业类型。

3. 目标分层设计: 从愿景到行动

明确的职业目标不仅是个人前进的灯塔, 也是职业生涯中保持方向感的关键所在。通过巧妙地将目标进行分层设计, 求职者能够将远大的职业愿景, 细化为短期、具体且可操作的小目标。在分层设计的过程中, 遵循SMART原则(具体性、可衡量性、可达成性、相关性、时限性)至关重要, 它确保了目标既富有挑战性, 又能够通过一系列清晰的步骤逐一实现。

长期目标(3~5年): 求职者在职业生涯中期望达到的最终状态, 它关乎职业身份的定位, 如立志成为某一领域的专家、经理或高层管理者。在设定长期目标时, 应综合考虑行业发展趋势、技术进步等外部因素, 确保目标的前瞻性和可行性。例如, 可以设定成为人工智能算法领域的专家, 或是转型为具备跨行业视野的产品经理等职业发展方向。

短期目标(1年内): 基于长期目标而设定的具体、可实现的阶段性任务, 通常能够在一年内完成。这些目标的设定需严格遵循SMART原则, 确保每个任务都具体明确、可量化评估、切实可行, 并附有明确的时间节点。短期目标往往与技能提升、项目经验积累、专业认证获取等紧密相关, 是通往长期目标不可或缺的基石。

灵活调整机制: 在职业发展的过程中, 目标和计划往往需要随着外部环境的变化, 以及个人成长的实际情况进行动态调整。因此, 建立每季度复盘目标完成度的机制至关重要, 这有助于求职者及时根据市场趋势、技术发展等因素对职业规划进行必要的调整。灵活调整机制不仅能够帮助求职者有效应对突发变化, 还能确保职业发展道路上的稳定性和持续性, 让每一步都更加坚实有力。

4. 能力跃迁策略: 构建竞争壁垒

在竞争日益激烈的职场环境中, 个人的职业成长与成功离不开对核心能力的持续提升与拓展。通过精心规划并实施明确的能力跃迁策略, 求职者能够在所在领域内不断巩固并增强自身的竞争力。值得注意的是, 能力跃迁并不仅限于对专业技能的精进, 它还涵盖了跨领域能力的广泛拓展,这些共同构成了个人在职场上的独特竞争壁垒。

使用T型能力模型： T型能力模型着重于纵向深度与横向广度的平衡，助力求职者在专业领域达到前沿水平(即前10%的顶尖地位)，同时拓展相关领域的知识与技能(即关联技能的拓展)。以技术岗位为例，求职者可通过加强管理思维、提升跨部门协作等软技能，来增强个人综合竞争力。

学习优先级矩阵： 学习优先级矩阵能帮助求职者在众多学习任务中清晰界定优先级，确保时间与精力得到合理分配。例如，对于紧急且重要的技能，应立即着手学习；而对于非紧急的技能，则可通过长期规划来逐步掌握，如表7-1所示。

表7-1

紧急度 \ 重要度	高重要性	低重要性
高紧急	即刻学习(如岗位必备的新工具)	外包或简化(如基础报表自动化)
低紧急	制订长期计划(如行业前瞻技术)	暂时搁置(如非核心技能)

实践验证循环： 通过实践验证来检验学习成果，以确保所学技能能够切实应用于实际工作中。例如，在学习数据分析软件后，应主动争取相关项目的实践机会，以便将理论知识迅速转化为实际工作能力。同时，构建失败案例库，详细记录错误并深入分析其根本原因，如沟通不畅导致的项目延期等。

5. 资源网络构建：杠杆借力的艺术

在职业发展的过程中，构建资源网络起着举足轻重的作用。成功的职场人士不仅具备扎实的个人能力，更懂得如何有效利用网络与资源，借助外部力量加速个人成长。构建一个多维度的资源网络，有助于求职者与现有及潜在的行业精英建立联系，充分利用各类平台资源，提升自己在行业内的影响力。

▶ 人脉分层管理

有效的资源网络并非仅仅与少数关键人物保持联系，而是需根据人脉的不同角色进行分层管理。通过系统性地管理人脉，职场人士能更精确地利用各层次资源，推动职业发展的各个阶段。

核心层(如导师和直属上级)： 提供最直接的职业支持，与他们定期沟通进展、寻求建议，能加速职业发展，明确职业方向。

协作层(跨部门同事)： 通过合作拓展职业视野，积累跨领域经验，建立信任，提高合作效率，为未来项目赢得更多机会。

信息层(行业社群)： 通过参与行业活动，如峰会、论坛，获取最新动态，拓展人脉，增强行业影响力。

▶ 平台资源整合

当代职场已演变为多元资源的聚合平台，合理利用这些资源成为个人职业跃迁的关键杠杆，尤其在跨领域学习和技能提升方面。

内部资源： 如企业提供的轮岗机会和培训预算，有助于员工在公司内部拓展职能范围，积累多元化经验，从而提升个人竞争力。

外部资源： 如MOOC平台、开源社区(GitHub)，提供高质量学习资源，助力员工技能提升，同时增加在行业内的曝光度，尤其在人工智能、数据科学等快速发展领域，学习新技术和工具至关重要。

▶ 个人品牌塑造

个人品牌塑造是现代职场发展中不可或缺的一环。通过在自媒体平台或行业论坛中持续输出专业内容，求职者能逐步建立行业影响力。这不仅有助于提升个人的职业形象，还能吸引更多职业机会，为职业发展铺平道路。

6. 心智模式升级：应对不确定性

在职业发展的过程中，硬技能和软技能的提升固然重要，但心智模式的升级同样不可或缺。心智模式，即个体理解世界、应对挑战、处理压力等一系列思维和情感反应的内在框架，对于职场人士在不确定环境中保持应变能力、处理复杂局面，以及在竞争中脱颖而出具有核心意义。

▶ ABZ计划理论

ABZ计划理论为职业规划提供了一个灵活且稳健的框架，助力求职者在面对职业风险时保持心理稳定。A计划代表当前的主攻方向，B计划则是应对突发变化的备选方案，而Z计划作为保底生存策略，为求职者提供了最后一道安全网。这一理论鼓励求职者在面对工作压力和不确定性时，能够灵活调整策略，有效减轻焦虑情绪。

▶ 反脆弱思维

反脆弱思维倡导积极面对挑战和不确定性，将外部压力转化为内在成长动力。在这种思维模式下，个体勇于接受挑战性任务，通过实践中的磨砺，快速提升应对复杂情况的能力。同时，建立"最小试错单元"，以低成本验证新方向，进一步增强了适应性和创新能力。

▶ 心气管理

心气管理强调定期评估职业能量和工作满意度，确保在职业道路上始终保持积极心态。通过审视成就感、学习空间和人际关系等关键维度，求职者能够清晰识别自身的优势与不足，及时进行"职业能量审计"。这一做法有助于预防职业倦怠，保持持续动力，避免陷入低水平重复，为职业发展注入不竭的活力。

7. 实战工具包与提示词模板

在职业规划和发展的道路上，合理运用实战工具能够显著提升求职者制订与执行职业发展计划的效率。以下是几款实用的实战工具及其模板，旨在帮助大家明确职业路径，增强执行力，并灵活应对变化。

▶ 目标路径法：精准对比现状与目标

通过对比当前技能与经验同职业目标所需能力的差距，求职者能够精准识别出自身的技能短板，并据此制定详尽的提升计划。这种方法确保了学习的针对性和有效性，避免了盲目跟风学习的现象。

▶ 周计划九宫格：综合管理职业目标

周计划九宫格是一个强大的工具，它帮助求职者全面管理工作、学习、健康等多个生活维度，确保职业发展过程中的平衡与和谐。借助九宫格，求职者能高效规划时间，提升工作效率，从而在忙碌中保持生活的有序与活力。

▶ 职业画布模型：可视化职业规划

职业画布模型以直观的方式展现了求职者的价值主张、关键资源、成本结构等关键要素，为职业转型或创业规划提供了有力支持。通过这一模型，求职者可以清晰地勾勒出职业发展路径，利用图形化手段灵活调整发展方向，确保每一步都朝着既定目标迈进。

以下是一个关于个性化职业规划的提示词模板示例。

> 请根据以下信息生成一份个性化职业规划书。
> 1. 基础信息
> － 当前职位/身份：[行业/岗位]。

- 教育背景：[填写学历和学校]。
- 职业目标：[长期目标+短期目标]。

2. 深度自我认知
  - 霍兰德职业兴趣代码：[如RCI]。
  - 核心优势识别：[如逻辑分析、跨团队协调]。
  - 性格测评结果：[如INTJ]。

3. 行业趋势判断
  - 目标领域技术/市场变化：[如AIGC技术重构内容生产流程]。

4. 发展路径设计
  - 能力跃迁重点：[如补齐商业思维，强化Python自动化能力]。
  - 关键里程碑：[如2025Q3前达到自媒体粉丝20万+]。

5. 风险应对机制
  - B计划备选方向：[如数据运营方向]。
  - 抗风险资源储备：[如持续维护关键人脉]。

6. 具体计划
  - 行动计划：[列出具体步骤]。
  - 时间表：[设定完成目标的时间节点]。

7.3 本章小结

本章深入探讨了DeepSeek在求职与高效办公领域的应用，着重说明了其在求职支持和职场效率提升方面的具体功能和操作流程。借助DeepSeek的智能化辅助功能，求职者能够显著优化简历、科学制订求职计划，并通过面试模拟获得实战经验，从而大幅提升求职成功率。与此同时，职场人士也能利用DeepSeek来优化文档处理流程、提高邮件撰写效率、增强商务写作技巧，并借助其强大的职业规划功能来设定和实现长期职业发展目标。AI工具的引入，无疑为求职者和职场人士提供了强大的助力，使他们能够更加高效地迈向个人职业目标。

7.4 课后练习

▶ 练习1：简历写作练习

使用DeepSeek生成一份针对你感兴趣职位的简历，确保突出与该职位相关的技能和经验。在简历中明确展示个人信息、职业目标、专业技能和相关工作经历，保持简洁和条理清晰。通过调整提示词，使生成的简历与职位需求高度契合，展示你的核心竞争力。

▶ 练习2：面试模拟与改进

从常见的面试问题中选择一个，使用DeepSeek进行模拟训练。结合DeepSeek提供的反馈，对你的回答进行优化，提升你在面试中的应对能力与自信心。

第8章
DeepSeek个人知识库搭建

在这个信息爆炸的时代，人们每天都被海量的信息所包围，如何高效地获取、整理和应用这些信息所蕴含的知识，成为每个人不得不面对的挑战。DeepSeek的诞生，为个人知识管理领域带来了全新的解决方案，从信息收集、知识提炼到智能应用，它可以作为私人知识管家，帮助用户构建体系化的知识网络，释放知识的真正价值。

本章致力于引领读者深入探索DeepSeek在构建个性化知识库中的重要作用，旨在通过这一创新工具，将知识管理推向智能化新高度，让信息整理与运用变得更加高效与智能。

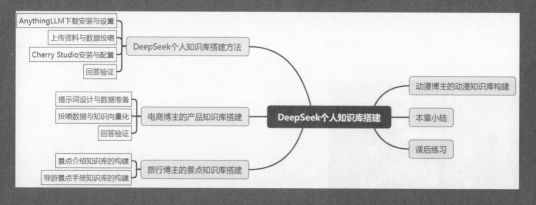

8.1 DeepSeek个人知识库搭建方法

在信息爆炸的时代，个人知识库已成为高效管理知识、提升个人生产力的关键工具。它不仅仅是一个简单的信息存储器，更是一个充满活力的知识生态系统，能够协助用户系统地整理、检索及应用知识。DeepSeek凭借其卓越的自然语言处理能力和智能推荐算法，为个人知识库的构建开辟了全新的路径。借助DeepSeek，用户能够将零散的信息(包括文档、笔记、网页内容等)进行智能分类、关联及整合，从而构建出结构化的知识网络。

此外，DeepSeek还能根据用户的学习与工作需求，主动推送相关知识，实现知识的动态更新与持续优化。无论是进行学术研究、推动职业发展，还是探索个人兴趣，DeepSeek都能使知识管理过程变得更加高效、智能。它能够从海量信息中筛选出真正有价值的内容，为用户的个人成长与创新提供有力支持。

目前，搭建企业级和个人知识库的方法主要有两种：一种是利用AnythingLLM配合大模型，另一种是借助Cherry Studio配合大模型。本节将对这两种方法进行详细介绍，以便用户根据实际需求做出选择。鉴于Cherry Studio在中文支持方面的优势，本书将重点介绍如何使用Cherry Studio来搭建个人知识库。

8.1.1 AnythingLLM下载安装与设置

AnythingLLM是一个功能全面的工具，它依托于大型语言模型(LLM)技术，既支持本地部署，也兼容云端使用。该工具能够接纳多种文件格式(例如PDF、TXT、DOCX等)的上传，并让用户通过自然语言与文档内容进行交互，轻松实现问答、摘要生成及内容分析等功能。AnythingLLM高

度重视数据隐私保护，同时提供自定义模型和API集成的灵活性，使其广泛应用于企业、教育及个人领域，极大地提升了处理信息的效率。用户可通过访问官方网站进行下载，下载界面如图8-1所示。

图8-1

1 单击Download for desktop按钮进行下载，并按照提示将其安装到本地计算机上。安装完成后，启动该程序，界面如图8-2所示。在该界面的大模型配置选项中，选择Ollama作为大型语言模型。

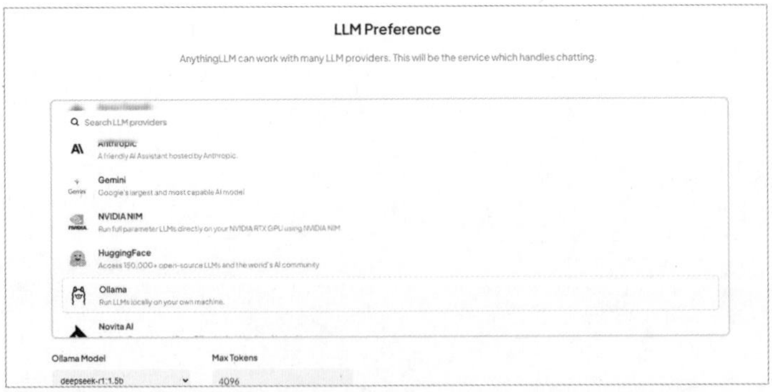

图8-2

2 进入"用户信息填写界面"，在此步骤中，用户可以选择直接跳过，或者填写自己的邮箱地址以进行注册或获取更多服务，具体操作如图8-3所示。

3 为工作区命名，例如My Workspace，如图8-4所示。

图8-3

图8-4

图8-5

8.1.2　上传资料与数据投喂

完成了AnythingLLM的配置，接下来就需要准备用户的知识库资料了。这些资料可能包括用户之前的总结文档、经验笔记等。

1 要将这些资料整合到系统中，用户只需在"知识库管理界面"，单击工作区左侧的"上传"箭头按钮，即可轻松将这些文档上传至知识库中，具体操作可参考图8-5所示。

2 在弹出的界面中，单击Click to upload or drag and drop按钮，上传PDF或其他格式的文件，如图8-6所示。

图8-6

3 文件上传完成，会显示在文件列表中，下面会出现一个Move to Workspace按钮，如图8-7所示。

4 单击Move to Workspace按钮，文件即可被移动到工作区域，如图8-8所示。

图8-7   图8-8

此时，就完成了知识库资料的上传和向量化。

8.1.3 Cherry Studio安装与配置

图8-9

图8-10

Cherry Studio是一个功能全面的AI助手，它配备了一个集成的AI知识库配置环境。这个环境能够将数据库进行本地储存，从而有效地保护用户的隐私安全。此外，Cherry Studio还支持多服务商集成的AI对话客户端，为用户提供了更加便捷和多样化的交互方式，具体界面如图8-9所示。

安装Cherry Studio后，需进行大模型与嵌入模型的配置。启动Cherry Studio，单击"设置"按钮进入设置界面。在界面中选择Ollama选项，以配置本地的Ollama模型，如图8-10所示。

完成Cherry Studio的安装后，需进行一系列配置。首先，在API密钥栏中输入用户的DeepSeek账号API密钥(详细步骤可查阅第10章的API Key部分)。接着，在API地址栏中填写本地地址http://localhost:11434，并将保持活跃时间设置为200分钟。在模型选择中，选择deepseek-r1:1.5b；对于嵌入模型，选择nomic-embed-text:latest(该嵌入模型用于知识库内容的向量化处理，其加载方式是通过命令行执行ollama pull nomic-embed-text命令)。

配置完成后，单击左侧功能区的"知识库"按钮，进入知识库界面。在此界面，单击"添加"按钮新建一个知识库，并为其命名。同时，确保选择的嵌入模型为nomic-embed-text:latest，如图8-11所示。

图8-11

此时，就可以上传知识库中的资料了，Cherry Studio支持PDF、DOCX、PPTX、XLSX、ODT等文件格式。单击"添加文件"按钮或者单击"拖拽文件到这里"按钮，都可以上传文件。本例中选择PDF文件进行上传，如图8-12所示。

图8-12

8.1.4　回答验证

上传操作完成后，用户即可在提问界面提出自己的问题，并查看系统针对该问题给出的答复。若用户期望在提问时系统能够引用已上传的知识库资源，只需简单单击界面中的"知识库"图标，如图8-13所示，即可选择之前已经创建好的知识库。如此一来，在构建问题的过程中，系统就能够自动引用知识库中的相关信息来生成答复。

图8-13

例如，用户成功上传了一份关于新婚姻法的PDF文件到知识库中。随后，当用户提出关于结婚后彩礼退还的问题时，系统生成的答复中将会参考并引用到知识库中那份新婚姻法的PDF文件。用户可以在答复的参考文件部分清晰地看到这一点，具体操作效果可参考图8-14所示。

图8-14

8.2　电商博主的产品知识库搭建

在信息繁杂的时代，消费者在面对网络中海量的商品信息时常常感到无所适从。电商博主，作为品牌与消费者之间的关键纽带，承担着传递产品核心价值、引领理性消费的重要角色。为了提升内容质量、增强用户的信任度，并实现长远发展，电商博主需要构建一个系统化、结构化的产品知识库。这个知识库将成为博主在激烈竞争中脱颖而出的重要工具，有助于打造和提升个人品牌影响力。

本节将详细介绍电商博主建立产品知识库的方法，以便进行高效的大模型搜索。这个过程将涵盖信息收集、分类整理、更新维护等核心环节。

8.2.1　提示词设计与数据准备

在着手构建知识库之前，一个至关重要的步骤是设计好提示词。这些提示词不仅在构建知识库的过程中发挥关键作用，还将在后续向知识库提问时扮演重要角色。在本小节中，我们将专注于设计那些最终用于向知识库提问的提示词。

考虑到我们要使用的是电商产品作为知识库的内容，因此准备了两个知识库文件：一个是关于电商电子产品的知识库，另一个则是关于电商文创产品的知识库。

为了构建知识库，可借助DeepSeek这一工具。通过向DeepSeek提出具体问题，利用AI来生成知识库的内容。根据提示词的设计原则，为电商电子产品知识库设计了如下提示词：

> 我是一名电商博主，我想知道电商电子产品应该有哪些。

同样地，为了构建电商文创产品知识库，也设计了相应的提示词：

> 我是一名电商博主，我想知道电商文创产品应该有哪些。

在获得DeepSeek返回的详细答案后，将这些信息整理并复制到Word文档中。为了确保信息的完整性和可读性，还可以将这些文档导出为PDF文件，以便后续的知识库构建和提问使用。

通过这样的设计和准备过程，我们不仅能够确保知识库的内容具有针对性和实用性，还能够为后续的知识库提问提供清晰的指导方向。

8.2.2　投喂数据与知识向量化

准备两个PDF文件，分别命名为"电商电子产品.pdf"和"电商文创产品类型目录.pdf"。在Cherry Studio的知识库配置界面，将这两个PDF文件上传至系统。此时，系统会依据我们预先配置的nomic-embed-text:latest算法，对上传至知识库的PDF文件内容进行向量化处理。这一步骤至关重要，因为它能将PDF中的文本信息转化为向量形式，从而在后续提问时，这些向量化的知识能够被系统快速识别并匹配，如图8-15所示。

图8-15

8.2.3　回答验证

在成功构建知识库后，为了确保其准确性和实用性，需要通过DeepSeek进行提问验证。为此，我们根据之前制定的提示词原则，精心制定了一个综合性的提问提示词：

我是一名电商博主，我想知道电商电子产品应该有哪些，电商文创产品应该有哪些。

随后，将这个提问输入DeepSeek系统中。系统根据我们设定的提示词，结合已经向量化的知识库内容，迅速给出了回应，如图8-16所示。可以看到，DeepSeek的回答不仅涵盖了电商电子产品的多个类别，还详细列出了电商文创产品的不同类型，充分展示了知识库的全面性和准确性。

图8-16

在DeepSeek系统给出的参考资料中，明确引用了我们之前上传的"电商电子产品.pdf"和"电商文创产品类型目录.pdf"两个知识库文件。这一结果充分证明了此前建立的行业知识库的有效性和实用性，它成功地为电商博主提供了全面、准确且易于检索的产品信息，如图8-17所示。

图8-17

8.3　旅行博主的景点知识库搭建

随着人们生活品质的提升，旅游已成为大众热衷的休闲方式。然而，网络上的旅行信息纷繁复杂，旅行者常被淹没在海量的目的地介绍、复杂的旅行产品选择，以及瞬息万变的行业动态之中，难以做出明智的旅行决策。旅行博主，作为旅行者与目的地之间的关键纽带，面临着从海量信息中提炼有价值内容的巨大挑战。为了提升内容质量、增强用户黏性，旅行博主急需构建一个系统化、结构化的行业知识库。

8.3.1　景点介绍知识库的构建

本小节将深入探讨旅行行业知识库的构建，揭示数据驱动如何助力个性化旅行体验。同时，详细介绍旅行博主如何建立景点介绍知识库，以便在搜索中高效利用，满足旅行者的需求。

1. 提示词设计与数据准备

在着手构建知识库之前，一个至关重要的步骤是精心设计提问时的提示词。这些提示词将在用户向知识库提出查询时发挥关键作用，帮助系统更准确地理解用户需求并返回相关信息。

为了构建关于旅游景点的知识库，我们准备了核心文件：针对川西大环线的介绍。针对景点知识库的构建设计了以下提示词：

我是一个自驾游爱好者，要去川西大环线。请编写一个川西大环线的路线和景点集合的介绍。

接下来，将这个精心设计的提示词输入DeepSeek中，根据提示词会生成一份详尽的川西大环线自驾路线及景点介绍。将这份答案复制并粘贴到Word文档中，随后将其导出为PDF格式文件，以便后续作为知识库的一部分进行存储和检索。

2. 投喂数据与知识向量化

准备一个名为"川西大环线自驾游攻略.pdf"的文件。随后，在Cherry Studio的知识库配置界面中，将这个PDF文件上传至系统。此时，系统会依据预先配置的nomic-embed-text:latest算法，自动对上传至知识库的PDF文件内容进行向量化处理。这一步骤至关重要，因为它将文本信息转换为向量形式，使得知识库中的知识在接收到提问时能够被高效、准确地检索和匹配，如图8-18所示。

图8-18

3. 回答验证

在成功构建知识库后，需要对其进行验证，以确保其准确性和实用性。为此，我们设计了特定的提问提示词，并向DeepSeek提出查询。根据之前提及的提示词设计方法，最终确定的提示词为：

图8-19

我是一个自驾游爱好者，想去川西大环线。请给我一份自驾游攻略。

随后，将这个提示词输入DeepSeek中。系统根据提供的提示词，结合之前已经构建并经过向量化处理的知识库内容，生成了一份针对川西大环线的自驾游攻略作为回答，如图8-19所示。可以看到，DeepSeek的回答紧密围绕我们的提问，详细列出了自驾游的路线规划、沿途景点推荐，以及注意事项，充分验证了知识库的有效性和实用性。

在问题的回答部分，参考资料明确标注了引用自此前上传至知识库的文件，这一细节充分证实了行业知识库构建的成功实施，如图8-20所示。这不仅证明了知识库在提供信息支持方面的有效性，还体现了其在确保内容准确性和权威性方面的重要作用。

图8-20

8.3.2　导游景点手册知识库的构建

本小节将详细讲解一个旅行博主的导游景点手册知识库构建的案例。整个流程从搭建Cherry Studio环境开始，采用本地的DeepSeek大模型，随后设计知识库内容，上传至系统进行向量化处理，最后设计提示词对知识库进行提问，并查看知识库的引用情况。DeepSeek大模型能够根据知识库的内容进行智能搜索和问答，从而实现行业知识库的建立。

1 在本地通过Ollama搭建DeepSeek环境。在命令行中输入Ollama run deepseek-r1:1.5b，等待加载结束，在浏览器中输入网址http://127.0.0.1:11434，查看Ollama的运行状态是否为running，如图8-21所示。

图8-21

2 打开Cherry Studio，在设置界面选择Ollama，然后填写API 密钥，并填写本地IP地址为http://localhost:11434，配置大模型为deepseek-r1:1.5b，向量化模型为nomic-embed-text:latest，如图8-22所示。

图8-22

3 设计知识库的内容，这里在百度等搜索引擎中整理了一些关于重庆和成都旅游景点的内容，保存为PDF文件作为知识库的内容。

4 在Cherry Studio的知识库配置界面，上传知识库文件，等待系统进行向量化，如图8-23所示。

图8-23

5 在提问之前，先在知识库中选择已创建的"旅行知识库"，如图8-24所示。

图8-24

6 按照提示词的设计方法设计提示词，对知识库进行提问，如图8-25所示。

> 我是一个旅行者，想去成都和重庆旅游，请给我介绍一下两地的景点和如何从成都到重庆。

图8-25

7 回到Cherry Studio的提问界面，选择配置好的知识库，然后用设计好的提示词进行提问，查看大模型给出的答案，如图8-26所示。

图8-26

8 查看引用的过程，可以看到DeepSeek在回答的过程中，参考了知识库中的文件，如图8-27所示。

图8-27

8.4 动漫博主的动漫知识库构建

本节将探讨动漫博主如何构建其个人专属且独具特色的知识库，通过系统地构建知识库，动漫博主能够更有效地管理、检索及利用自己所掌握的动漫相关信息，进而提升自己的创作质量、丰富内容深度，并增强与粉丝及同行之间的交流互动。这一构建过程不仅是整理动漫专业知识的实践，更是一个通过亲身操作来巩固此前所学知识的重要途径。

1 在本地通过Ollama搭建DeepSeek环境。在命令行中输入Ollama run deepseek-r1:1.5b，并耐心等待加载过程完成。随后，在浏览器中打开指定的网址，检查Ollama的运行状态是否为running，如图8-28所示。

图8-28

2 打开Cherry Studio，在设置界面选择Ollama，然后填写API密钥，并填写本地IP地址为http://localhost:11434，配置大模型为deepseek-r1:1.5b，向量化模型为nomic-embed-text:latest，如图8-29所示。

图8-29

3 设计知识库的内容，这里在百度等搜索引擎中整理了一些关于动漫人物和作者的内容，保存为PDF文件作为知识库的内容。

4 在Cherry Studio的知识库配置界面，上传知识库文件，等待系统进行向量化，如图8-30所示。

图8-30

5 在提问之前，先在知识库中选择已创建的"动漫知识库"，如图8-31所示。

> 我是一名动漫爱好者，请给我介绍下日本动漫的代表人物和代表作。

6 回到Cherry Studio的提问界面，选择配置好的知识库，然后用设计好的提示词进行提问，查看大模型给出的答案，如图8-32所示。

图8-31

7 查看引用的过程，可以看到大模型返回结果时，引用了知识库的内容，如图8-33所示。

图8-32

图8-33

8.5　本章小结

本章深入探讨了DeepSeek在知识库构建领域的实际应用。首先，介绍了构建知识库所需的软件环境，为后续实践提供了技术基础。接着，详细阐述了电商博主知识库和旅游博主知识库的构建过程，通过这两个案例，读者可以初步了解知识库构建的基本步骤和要点。

为了将理论与实践紧密结合，本章特别以旅行博主导游景点手册知识库和动漫博主知识库构建为实践案例，详细展示了从知识库设计、数据准备、向量化处理到提问验证的完整流程。通过这些实践内容，读者不仅能够加深对知识库构建原理的理解，还能掌握实际操作的技巧和方法。

通过本章的学习，读者不仅巩固了知识库构建的理论知识，还为后续章节的学习打下了坚实的基础。同时，这些实践经验也将对读者在未来的知识管理、数据挖掘和信息检索等领域的工作产生积极的指导意义。

8.6　课后练习

▶ 练习1：用AnythingLLM搭建中医知识库

配置系统环境：按照本章所讲的流程，使用AnythingLLM搭建知识库环境，配置API密钥和大模型，配置向量模型。

知识库内容的构建：使用DeepSeek或者其他工具对中医的相关知识进行搜集，形成知识库的PDF文档集。

回答验证：将知识库的内容上传至系统，根据知识库中的问题进行提问，查看是否引用知识库中的内容及其相关性。

▶ 练习2：用Cherry Studio搭建图书知识库

配置系统环境：按照本章所讲的流程，使用Cherry Studio搭建知识库环境，配置API密钥和大模型，配置向量模型。

知识库内容的构建：使用DeepSeek或者其他工具建立全面的个人图书馆图书目录，形成知识库的PDF文档集。

回答验证：将知识库的内容上传至系统，根据图书查询需求进行提问，查看是否引用知识库中的内容及其相关性。

第9章
DeepSeek带你轻松玩转数字艺术设计

随着人工智能技术的迅猛发展，AI在艺术设计领域的应用日益广泛，特别是在图像生成与创作环节。DeepSeek作为一款集强大数据分析与生成能力于一体的工具，不仅能够激发用户的创作灵感，还能在数字艺术图像生成、效果图创作及图像优化等方面给予有力支持。

本章将聚焦于DeepSeek在艺术设计领域的应用，特别是探讨如何利用图像生成提示词辅助，以增强创作效率与设计效果。通过展示具体的应用实例，帮助用户熟练掌握运用DeepSeek来激发创意灵感、进行设计优化的技巧，并成功实现创意的数字化呈现。

9.1 提示词辅助数字艺术图像生成

在数字艺术创作领域，图像生成的质量不仅取决于设计师的创意与技艺，还紧密关联于提示词的恰当运用。随着AI图像生成技术的不断演进，提示词的精准设计与优化成为创作流程中的核心要素。DeepSeek作为一款智能辅助工具，提供了高效的提示词设计与优化功能，帮助艺术家与设计师迅速锁定创作方向，生成满足预期的高质量图像。

本节将细致探讨在数字艺术图像生成环节，如何利用精准的提示词辅助来激发创意灵感、孕育多样化的图像风格，并对生成的图像进行细致优化，以提升作品的表现力与视觉冲击力。借助这些方法，用户将能够更加顺畅地从创意构思过渡到最终图像的呈现，实现创作灵感与先进技术的无缝对接。

9.1.1 提示词灵感激发

在数字艺术创作过程中，提示词(Prompt)不仅是与AI沟通的媒介，更是艺术创作旅程的起点，它像一座桥梁，连接着创作思维与创意实现。艺术家与设计师借助精确且富有启发性的提示词，能够为AI明确创作路径，确保其生成的图像与预期相符。而在这场创意的探险中，如何巧妙地运用提示词来点燃灵感火花，往往对作品的独特性和艺术韵味起着决定性作用。

提示词灵感激发的核心，在于掌握如何利用语言的精妙之处来引领AI的创作步伐。相较于传统艺术创作中依赖草图、色彩搭配与构图等手段，数字艺术与AI生成艺术要求艺术家以精准且富有想象力的语言输入，作为启动AI创作引擎的钥匙，从而解锁出一系列丰富多彩的艺术图像。因此，提示词可被视作数字艺术创作的"创意火花"，是唤醒创作灵感不可或缺的关键要素。借助DeepSeek，艺术家能够轻松激发出设计提示词的灵感，生成一系列多元化的提示词选项，为创作之路增添无限可能。

1. 通过关键词激发创意

输入具体的关键词能迅速为AI明确创作的主题和风格。例如，输入"未来主义""高科技城市""霓虹灯"和"虚拟现实"等关键词，AI将被引导至特定的视觉风格和意境进行创作。进一步加入"夜晚的城市""繁忙的街道"和"飞行的车辆"等描述性词语，AI将能在这些抽象描述中找到创作素材，生成符合需求的图像。这类提示词可定义为"主题/主题词"。

2. 运用情感和氛围描述

除了基本的风格和元素，情感和氛围的描述也是激发创作灵感的有效途径。通过提示词明确情感色彩，如"孤独的女孩站在空旷的街道上，背景是一个寂静的夜晚"，这样的描述不仅明确了场景构成，还通过"孤独"这一情感引导AI生成符合情感需求的图像。这类提示词可定义为"虚词"。

3. 细节词的描述

细节词用于丰富图像主体内容，增加图像的深度和细腻度。它们可以包括人物的服饰、表情、动作，以及环境的纹理和背景的装饰等。精准的细节词能直接影响图像的真实感和艺术效果。例如，在创作森林中的人物肖像时，细节词可包括"细致的花纹刺绣裙子""微风拂过的头发"和"滴水的露珠"等。

4. 色彩词的描述

色彩词指明特定的色调和颜色，还能调动情感和氛围，如"温暖的金色调""冷酷的蓝色""鲜艳的红色"和"暗黑的紫色"等。色彩不仅能决定作品的整体氛围，还能凸显图像的主题和情感。例如，"金色的夕阳光辉"会营造温馨浪漫的氛围。色彩词的选择能极大影响图像的视觉效果。

5. 灯光词的描述

灯光词指定图像中光源的类型、强度、来源和效果，对塑造图像的气氛、层次和焦点起到至关重要的作用，如"柔和的自然光""戏剧性的聚光灯""背光效果"和"霓虹灯照明"等。灯光词帮助AI决定光线的强度与来源，进而影响图像的视觉效果。灯光的运用不仅影响色调，还能为图像增添戏剧性。

6. 镜头词/构图的描述

镜头词/构图描述图像的视角和画面结构，决定图像的观看方式和焦点。例如，"俯视图""仰视图""侧面视角""特写镜头"和"广角镜头"等，这些词汇帮助AI确定图像的拍摄角度、焦距和画面比例。通过镜头词和构图的指定，创作者可以对观众的视线进行引导，突出图像中的某一部分或元素。

7. 结合历史与文化元素

历史和文化元素也是激发创作灵感的重要源泉。例如，加入"文艺复兴风格""巴洛克艺术"和"古希腊雕塑"等提示词，AI将更好地理解作品的时代感和艺术氛围，创作出符合这些元素的作品。结合历史与文化的提示词，不仅能为图像增添丰富的内涵，还能使作品带有浓厚的文化氛围和时代背景。

8. 使用艺术流派和风格的名称

明确指示所希望的艺术流派能大大提高图像创作的精准度。如使用"抽象表现主义""萨尔瓦多·达利风格"或"立体主义"等流派和风格的提示词，AI能借助历史上经典艺术家的风格和流派特点，创作出符合预期的艺术作品。这类提示词可定义为"风格词/艺术家词"。

9. 提示词公式

在DeepSeek生成图像内容时，提示词的编写至关重要。高质量的提示词不仅能有效引导AI生成符合预期的图像，还能显著提升创作效率和作品质量。为此，基于前文和其他要素，我们提出了提示词公式，以帮助用户更加便捷地编写高质量的提示词。该公式的主要构成，如表9-1所示。

表9-1

构成	描述
垫图链接	参考图像、参考风格、参考构图及形式(非必要)
主体/主题词	图像的主要内容或主题，决定了图像的核心元素
细节词	丰富主体的细节
色彩词	控制画面色调或具体对象色彩
虚词	使图像更具情感和随机性
镜头词/构图	限定图像的构图和视角，如俯视图、特写等
灯光词	明确灯光类型和效果

（续表）

构成	描述
风格词/艺术家词	决定图像的主要风格流派或受到哪些艺术家影响
其他指令	否定词、种子值、样式值、混乱值、图像及提示词权重(IW)等
模型版本	用的Midjourney模型版本，如V系列或NIJI系列的具体版本
图像画幅	指定图像的宽高比例

利用DeepSeek，可以帮助我们按照提示词公式生成适用于AI绘画工具的提示词，如图9-1所示。

将提示词输入Midjourney应用程序，生成图像，如图9-2所示。

图9-1　　　　　　　　　　　　　　　　　图9-2

9.1.2　多风格图像提示词生成

在数字艺术创作领域，风格的多样性和独特性对于塑造作品的个性至关重要。不同的艺术风格不仅能够深刻影响作品的视觉呈现，还能有效传达各种情感和思想内涵。通过结合DeepSeek的多风格提示词生成功能与Midjourney的出图功能，创作者能够轻松突破单一风格的束缚，创作出融合多重风格特征的图像作品。这一过程不仅极大地丰富了艺术创作的表现空间，更为艺术家们提供了在广阔艺术领域内自由探索与创新的宝贵机会。

1. 生成各种风格的提示词

在数字艺术创作实践中，艺术风格的多样性无疑是激发创作灵感的关键源泉之一。借助DeepSeek这一强大工具，创作者能够轻松生成涵盖各种风格的提示词，以满足不同艺术表现形式的个性化需求。无论是追溯经典的艺术流派，还是探索现代的数字艺术风格，DeepSeek都能凭借其精准的提示词生成能力，助力创作者在琳琅满目的风格中进行自由的选择与巧妙的组合。

当我们进行风格探索时，可以充分利用DeepSeek来生成各类风格的提示词，例如：

生成各种风格的提示词，3种左右，适用于Midjourney生成图像。

生成效果如图9-3所示，这展现了DeepSeek在风格提示词生成方面的卓越能力与无限潜力。

图9-3

2. 结合不同流派和艺术家风格

DeepSeek具备将不同艺术家风格融合生成多风格图像的强大功能。当用户输入提示词，如结合"印象派"的自然风光与"表现主义"的情感表达时，DeepSeek将自动生成融合这两种风格的提示词，供AI在Midjourney中生成同时展现两种风格特点的图像。

例如，当用户输入提示词：

结合印象派风格的自然风光与表现主义风格的情感表达，帮我写作适用于Midjourney的提示词。

DeepSeek将自动生成这两者结合的提示词，使得AI在生成图像时，能够同时呈现这两种风格和相关艺术家的特点，如图9-4所示。

3. 跨领域风格的创新结合

DeepSeek的先进功能使得跨领域风格的结合成为可能，这种结合为艺术创作带来了前所未有的创新。例如，通过巧妙地将"科幻风格"与"复古海报风格"相融合，或是将"未来主义"与"抽象艺术"相交汇，艺术家能够创造出既具有强烈的视觉冲击力，又跨越时空界限的独特图像。这种跨领域的尝试不仅拓展了艺术创作的边界，还为艺术家在传统与前卫、现实与幻想之间探索新的灵感源泉提供了无限可能。

图9-4

例如，当用户渴望创作一幅蕴含科幻魅力的图像时，只需向DeepSeek输入相应的提示词：

结合未来城市夜景与复古海报色彩风格，帮我写作适用于Midjourney的提示词。

随后，DeepSeek便能巧妙地融合未来科技感的元素与复古风情的韵味，生成既彰显现代气息又不失复古韵味的独特提示词。这些提示词将激发AI在创作过程中，将两种看似截然不同的风格完美融合，从而诞生出令人耳目一新的艺术作品，如图9-5所示。

4. 多种风格的融合运用

在图像艺术的创新领域，艺术家能够利用提示词巧妙融合两种乃至多种艺术风格，开辟出前所未有的创意空间。举例来说，当用户意图在图像创作中融合多种风格时，只需向系统提供精准的描述性提示词：

> 请创作融合东方水墨画的灵动与西方油画的光影效果，同时融入齐白石、列维坦及Arthur Streeton的艺术精髓，帮我写作适用于Midjourney的提示词。

随后，DeepSeek便会智能地解读这些提示词，巧妙地将东西方艺术风格与不同艺术大师的特色相结合，生成既展现细腻笔触又蕴含丰富情感的独特图像，为观众带来全新的视觉体验，如图9-6所示。

图9-5

图9-6

9.1.3 图像提示词优化

在AI图像生成的实际操作中，初始图像往往难以精准契合创作者的需求，常见问题有构图失衡、细节表现不足、风格与预期偏差、色彩搭配混乱等。针对这些问题，对提示词进行系统性的优化成为提升图像品质的关键步骤。本小节将深入探讨图像提示词的优化策略，旨在通过语言的精确调控，实现从模糊概念向精确表达的转变。

1. 提示词优化的必要性

AI图像生成技术的核心在于将自然语言描述转化为视觉表达。然而，由于自然语言的多义性和AI理解能力的局限性，初始生成的图像经常与创作者的预期存在显著偏差。这种偏差主要体现在如下几个方面。

语义模糊导致偏差：AI对自然语言的理解存在局限性。例如，"现代建筑"这一描述可能被AI解读为极简主义或高科技风格，而创作者的实际意图可能是后现代解构主义风格。

参数冲突引发混乱：当多个风格词或描述性词汇叠加时，AI可能无法准确平衡这些特征。例如，"极简"与"巴洛克"这两种风格在装饰密度和视觉元素上存在明显矛盾，导致生成的图像风格混杂、不协调。

细节缺失影响表现：缺乏具体描述的场景或元素容易使生成的图像显得空洞或缺乏细节。例如，仅描述"森林中的女孩"可能无法充分呈现森林的植被细节、光影效果或女孩的具体形象。

文化差异造成误读：某些具有地域性或文化特定性的元素可能被AI错误地呈现或混淆。例如，将汉服误认为和服，或将哥特式建筑与巴洛克建筑混淆，这些都是文化差异导致的理解偏差。

通过优化提示词，创作者可以更精确地引导AI生成符合预期的图像，从而提高图像生成的质量和准确性。

2. 提示词优化的方法论

提示词优化并非简单地将词汇进行堆砌，而是一个需要经过精心设计和调整的语言调控过程。以下为优化提示词的核心方法论。

▶ 诊断分析

在优化之前，需要对初始图像进行问题诊断。我们可以从以下几个维度进行评估。

构图：主体位置是否合理，画面是否平衡。

风格：艺术流派特征是否清晰，是否符合预期。

细节：纹理、材质、环境元素是否丰富。

色彩：色调是否统一，情感表达是否准确。

创意：概念是否新颖，视觉冲击力是否足够。

▶ 分层优化策略

提示词优化可以从三个层面深入展开，以确保生成的图像更加符合创作者的愿景。

结构层优化：调整提示词的整体架构，确保主题、环境、细节等要素得到清晰明确的表达。优化前的提示词可能只是简单陈述了一个场景，如"一个女孩在森林中"。而优化后，我们则通过细致的分层来引导AI生成更具体的图像："[主题]年轻女子穿着碎花长裙，[构图]采用中心对称构图，[细节]置身于晨雾缭绕的橡树林中，[色彩]以柔和的青绿色调为主，[风格]借鉴新艺术运动插画风格，[灯光]加入丁达尔光效"。

语义层优化：提升语言表达的精确性，避免使用过于抽象或宽泛的概念。例如，将"美丽的花园"这一抽象描述，优化为"维多利亚风格花园，其中玫瑰藤蔓缠绕着铸铁拱门，石板小径两侧点缀着薰衣草"。这样的描述不仅更具画面感，还能引导AI生成更富有细节和特色的图像。

版本和指令优化：更换不同的模型版本并加入特定的指令来优化提示词。例如，将"一只可爱的龙--v3"这一简单的指令，优化为"一只可爱的龙--niji 6 --s 500"，确保生成的图像更符合创作者的预期。

通过这三个层面的优化策略，我们可以更加有效地引导AI生成符合创作者愿景的高质量图像。

▶ 迭代优化流程

在数字艺术创作领域，提示词优化是一项持续进行、不断调整和改进的任务，而非一次性的工作。这一过程的核心在于，每一步的优化都需要紧密依据AI生成的初步图像结果来进行调整，以确保最终图像能够精准满足创作需求。以下是对提示词优化迭代流程的详细介绍，以及每个步骤如何助力提升图像质量和精确度的深入分析：

1 生成初版图像。使用初始提示词生成图像是提示词优化流程的起点。这些提示词往往源于用户的初步创意，涵盖了主题、风格和情感等关键描述。初版图像，通常表现为一个粗略的草图或概念图，旨在为后续的分析和改进提供一个基础框架。关键在于，初版图像作为评估提示词有效性的直接依据，虽然可能包含笼统的表达，但已初步展现了用户的基本意图，为后续优化指明了方向。

2 识别主要缺陷。初版图像生成后，紧接着是对其进行深入分析，以识别出主要缺陷和不足。这些缺陷可能涵盖风格偏差、元素不协调、人物细节不精准、背景不适宜或色彩不和谐等多个层面。识别缺陷的目的在于，为后续的改进提供具体的方向和目标。常见的缺陷包括风格的不统一，如传统与现代元素的冲突；人物特征的不准确，如发型、服饰或表情与时代或文化背景的脱节；视觉层次的模糊，如背景元素的单调；以及色彩的不和谐，导致作品氛围的偏离。

3 调整提示词结构。识别缺陷后，下一步是对提示词结构进行调整，这通常涉及词语顺序的重新组织、描述性细节的增加或冗余信息的删减。通过优化提示词结构，有助于AI更准确地理解创作意图，从而生成更精细的图像。具体优化方法包括细化关键词，将笼统描述转化为具体词汇；调整顺序，以影响生成结果的表现；以及明确描述，使用精确的视觉词汇以确保细节和视觉效果的准确性。

4 添加或删除关键词。基于前一阶段的分析，提示词可能需要进行增补或删减。删除无关紧要或重复的关键词，可以避免AI生成不符合预期的结果，提升图像的精准度。同时，若发现重要元素缺失，可在提示词中加入相关关键词，以确保图像与创作主题更贴合。增添的关键词可能涉及古典风格的背景、现代科技感的细节或特定的色彩描述，以增加图像的层次和丰富度。而删除的关键词则可能包括过于宽泛或模糊的词汇，以及过多的修饰性词语，以确保主要创意方向的明确。

5 生成对比版本。调整提示词后，生成对比版本的图像是测试优化效果的关键步骤。通过生成一个或多个对比版本，可以直观地看到不同提示词的调整对图像结果的具体影响。在生成多个版本时，可以有针对性地优化不同元素，以满足各种创作需求。对比测试可能包括侧重风格优化与专注人物细节的版本对比，以及色调、层次、情感表达等方面的差异比较，以选择最适合的版本。

6 选择最优方案。在生成对比版本后，选择最优方案成为决定作品最终质量的关键。选择标准应基于项目需求、风格契合度和艺术效果来评判。最优方案不仅要满足视觉效果要求，还要符合创作主题，传达出正确的情感和氛围。选择时，应关注风格匹配度，选择最符合预期风格的图像；创意体现度，选择最能表达创作想法和情感的作品；以及技术效果，选择图像表现最清晰、细节最丰富的版本。通过这一步骤，可以确保最终作品既符合用户期望，又展现出高水平的艺术表现力。

9.2 DeepSeek辅助艺术设计创作

随着技术的飞速发展，人工智能在艺术设计领域的应用已成为推动创新、提升效率的重要力量。尤其在艺术设计的初步构思阶段，AI能够凭借其强大的能力，为设计师和艺术家提供设计灵感、生成创意方案，并协助完善效果图，从而成为他们不可或缺的得力助手。DeepSeek作为一款功能全面的AI工具，在艺术设计创作方面展现出了卓越的能力，它助力设计师迅速捕捉灵感、高效生成创意方案，并通过生成的效果图显著提升创作的可视化程度。

本节将详细探讨DeepSeek在艺术设计创作中的应用，着重阐述其如何在设计灵感激发、创意方案生成，以及效果图像生成三大方面提供强有力的辅助。借助这一系列的创作辅助功能，设计师不仅能够有效提高创作效率，还能在技术的支撑下，进一步拓宽创作思路、丰富表现形式，使艺术作品更加彰显个性化与创新性。

9.2.1　设计灵感激发

在艺术设计创作的过程中，灵感无疑是设计师最为珍视的资源。然而，灵感的闪现往往并非易事，它要求设计师通过多种途径不断探索和挖掘创作的源泉。传统上，设计师主要依赖对自然、艺术、文化等元素的观察，并结合个人经验和想象力来激发灵感。但如今，随着技术的飞跃，特别是AI工具的兴起，灵感的激发方式正经历着革命性的变革。

DeepSeek作为一款智能工具，能够在设计师的创作旅程中提供即时的灵感火花，助力设计师迅速进入创作佳境，并催生出新颖多样的设计构思。

1. 灵感的传统激发方式：从观察到联想

在传统设计实践中，灵感的萌芽往往植根于设计师敏锐的观察力与丰富的联想力。设计师们常常深入自然、艺术品和文化的广阔天地，从中发掘新颖的创作素材。例如，意大利著名建筑师伦佐·皮亚诺在设计蓬皮杜中心时，正是从炼油厂管道交错的工业景象中汲取灵感，创新性地提出了将建筑机械系统外置的设计理念。而在平面设计领域，日本设计师原研哉的"白"系列作品，则是对极简美学与文化深意的精妙融合。这些传统方法无疑彰显了设计师卓越的感知力与创造力，但随着设计任务的日益复杂，灵感的挖掘也变得越来越艰难且耗时。

2. AI时代的灵感激发：多维度跨界联想

AI技术的迅猛发展，为设计领域的灵感激发带来了翻天覆地的变化。DeepSeek凭借其强大的数据分析和生成能力，能够在多个维度上为设计师提供源源不断的灵感。设计师只需输入简单的关键词，DeepSeek便能迅速生成一系列设计灵感素材，这些素材跨越不同行业、文化背景和技术趋势，为设计师提供了多元化的创作视角。

以工业设计为例，当设计师输入"未来主义办公椅"这一关键词时，DeepSeek不仅能生成形态各异的设计方案，还能巧妙地将仿生学的蜻蜓翅膀结构、液态金属材料数据库，以及人体工程学压力分布图谱等元素融入其中。这种跨领域的信息交融，往往能够激发设计师的突破性创意，使他们敢于打破常规，探索前所未有的设计形态。

3. 跨领域灵感激发：打破界限，激发创新

DeepSeek的灵感激发功能并不仅限于某一特定领域，它还能帮助设计师跨越行业与领域的界限，将截然不同的创作思路巧妙融合。例如，设计师可以借助DeepSeek将服装设计与工程技术相结合，通过输入"明代缂丝工艺"和"碳纤维编织技术"等关键词，DeepSeek能够生成富有未来感且蕴含东方韵味的提示词，并据此生成服饰设计图像，如图9-7所示。这种跨领域的灵感碰撞，无疑为设计师打开了全新的创作天地，激发了前所未有的创新活力。

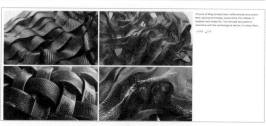

图9-7

4. AI辅助的"人机共创"模式

DeepSeek的最大优势之一，在于其倡导的"人机共创"协作模式。传统的灵感激发主要依赖设计师的个人经验和直觉，而在AI的辅助下，设计师能够显著提升创意的迭代速度和精确度。事实上，在一些创新实验室中，采用AI辅助的设计师提案通过率提高了43%，且创意迭代速度加快了5.8倍。AI不仅扮演着提供灵感的角色，更能实时根据设计师的需求和偏好进行优化，从而助力设计师迅速生成符合要求的创意方案。

5. AI激活设计灵感的机制

AI可以通过一系列机制，有效激活设计灵感。

首先，AI能够生成多样化的视觉内容。诸如Stable Diffusion、Midjourney和DALL-E等AI工具，可以根据文本描述生成图像，为设计师提供无限的创意起点。例如，在一项未来主义风格手机界面设计中，设计师希望突破传统UI风格，打造兼具科技感与艺术感的视觉效果。借助Midjourney可以快速输出多组具有未来感的界面草图，如悬浮菜单、流动渐变、透明质感等设计元素，激发设计师的灵感，使其在构思阶段快速明确视觉方向。

其次，AI提供意外连接。通过分析海量的数据，AI能够识别出设计师可能忽略的模式或关联。生成式AI工具能够从全球文化数据库中提取灵感元素，将不同领域的设计特征进行创意组合。这种能力使设计师能够跳出固有的框架，探索出意想不到的创意组合。

再次，AI提供个性化灵感推荐。AI能够学习设计师的草图笔触偏好、色彩选择规律等隐性特征，并建立个性化的灵感模型。例如，Tiller Digital利用Midjourney和DALL-E生成儿童故事插图时，会基于设计师的风格偏好，迭代生成既符合其审美又充满创新的角色和场景。这种个性化的推荐方式，有助于设计师捕捉到潜藏在意识深处的创意萌芽，与日本设计师深泽直人提出的"无意识设计"理念不谋而合。

最后，AI能够自动化处理常规任务。AI擅长处理重复性任务，如调整图像尺寸、生成草图或创建初始设计等，从而解放设计师的时间和精力，间接提升灵感生成的效率。例如，Adobe Firefly的Generative Recolor功能，允许设计师通过文本提示快速试验不同的颜色组合，以探索设计的多种可能性。

9.2.2 创意方案生成

创意方案生成在艺术设计与活动策划中至关重要，特别是在处理高度定制化与创新性任务时，对创意的精细与优化尤为关键。DeepSeek的核心功能在于，凭借其强大的数据分析与生成能力，在创意方案的构思、细化和评估阶段为设计师与策划师提供灵感支持，助力实现从初步创意到具体执行方案的转化。本小节以婚礼活动策划为例，详细说明DeepSeek如何助力生成具体的活动创意方案。

1. 初步创意方向的构建

在创意方案生成的初期阶段，设计师或活动策划师往往需要面对一系列模糊的需求和创意方向，并从中寻找灵感。此时，DeepSeek发挥着关键作用，它通过深入分析任务需求，为设计师提供初步的创意方向，帮助迅速明确创作的主题、氛围、风格等核心要素。

例如，在策划一场婚礼活动时，设计师可能收到的任务需求是："浪漫而优雅，现代与复古风格结合"。面对这样的需求，DeepSeek会首先对这些需求进行细致分析，并据此生成一系列相关的创意方向。系统会根据关键词，如"现代""浪漫""复古""优雅"，以及其他重要的设计要素，如"场地布置""色彩方案"和"装饰元素"等，提供多个创意方向的概要方案。这些初步方案可能包括如下创意。

创意一：结合现代极简主义与复古欧式宫廷风格的婚礼设计，以金色和淡粉色为主色调，场地布置简洁而典雅，配以华丽的吊灯和大理石装饰，营造出高贵而浪漫的氛围。

创意二：未来主义风格的婚礼设计，采用透明材料、LED灯光、极简设计，以及梦幻的蓝色调，突出现代科技感和超现实感，为宾客带来前所未有的视觉体验。

创意三：复古田园风格的婚礼设计，色彩柔和，背景布置以自然花卉、白色长桌和木质装饰为主，场地上点缀着温馨的吊灯和烛光，营造出宁静而幽雅的田园风光。

通过DeepSeek提供的这些初步创意方向，策划师能够清晰地了解不同创意风格的表现形式，从而为后续的细化工作提供多种可能的路径选择。

2. 方案细化与元素优化

在初步创意方向得以确定之后，DeepSeek的核心优势在于其能够帮助设计师进一步细化创意方案，并对各个设计元素进行优化，这涵盖了色彩搭配、空间布局、装饰材料等多个方面。此阶段的主要目标，是将大致的创意方向转化为具体且实际可执行的方案。

例如，在确定了婚礼的复古优雅风格后，设计师可以进一步输入相关的设计细节，如"色彩搭配""装饰细节"和"场地布置"等具体需求。DeepSeek会利用其智能分析和生成机制，为设计师推荐具体的设计细节，助力方案的优化。细化建议可能包括如下内容。

色彩搭配：DeepSeek能够根据婚礼主题的不同，从温暖的金色调到柔和的粉色调，生成多种配色方案，并提供色彩的视觉效果预览，从而帮助设计师选定最契合婚礼氛围的色调组合。

场地布置：针对场地布置，DeepSeek能推荐多种方案，涵盖椅子排布、舞台设计、花卉装饰等多个方面，旨在帮助设计师优化空间布局，确保场地既不会显得拥挤，又能充分展现婚礼的优雅氛围。

装饰细节：DeepSeek还能根据婚礼的整体风格，提供具体的装饰元素建议，比如不同风格的餐桌布置、吊灯选择、花卉装饰等，并给出相应的预算预估和实施难度分析，以便设计师在细节上进行更加周全的优化。

3. 多方案生成与对比评估

在创意方案生成的过程中，设计师往往会构思并生成多个方案，然后通过对比评估，从中选出最符合特定需求的创意方案。在这一关键阶段，DeepSeek发挥着至关重要的作用，它不仅能够辅助设计师生成多个方案，还能通过系统分析，对不同方案的可行性、效果及执行难度进行全面评估。

对于婚礼活动策划而言，设计师可以充分利用DeepSeek来生成多个创意方案，并系统地对这些方案进行视觉效果、预算可行性，以及空间使用效率等多方面的评估。具体来说，系统能够根据方案中的元素，为设计师提供如下有力支持。

视觉效果评估：基于设计师输入的色彩搭配、装饰元素等信息，DeepSeek会自动生成与之相对应的视觉效果模拟图，从而帮助设计师直观地评估哪个方案更能完美地呈现婚礼的浪漫与优雅氛围。

预算分析：DeepSeek具备强大的预算计算功能，它能够帮助设计师精准地估算不同方案的预算成本，进而推荐出更具性价比的方案，并有效协助设计师进行成本控制。

可行性评估：通过深入分析每个方案的实施难度，DeepSeek能够为设计师提供宝贵的可行性建议，帮助他们选出最容易实现且效果最佳的方案。同时，系统还会提供供应商对接建议，确保所选方案能够顺利且高效地执行。

借助DeepSeek的多方案生成与对比评估功能，设计师能够更加高效、精准地筛选出最佳创意方案，为后续的执行阶段奠定坚实的基础。

4. 完整创意方案的整合

经过多个阶段的细化和优化，设计师可以通过DeepSeek完整整合出一个详细的创意方案，涵盖所有设计元素、预算、实施步骤等。DeepSeek可以帮助设计师将多个创意方向、优化细节与执行方案整合为一个可执行的计划，并为设计师提供具体的实施指南，如供应商推荐、时间表安排、场地要求等。

在婚礼策划的案例中，完整的创意方案不仅包括场地布置、色彩搭配、装饰设计等，还包括每个元素的执行步骤，如花卉供应商、餐饮公司、音响设备的安排等，确保每个细节都能够顺利完成。

9.2.3　效果图像生成

在设计过程中，效果图像的生成扮演着将设计师的创意构想转化为直观视觉表现的核心角色。借助效果图像，设计师能够直观地评估创意方案的实际效果，并据此进行必要的微调和优化。本小节将围绕"地底世界"主题的室内酒店设计展开，详细阐述如何利用DeepSeek与图像生成工具(如Midjourney)来完成从需求定义直至最终效果图生成的全过程，以此推动设计工作的高效进行。

效果图像生成的流程，大致可以分为如下几个关键步骤。

1. 明确设计需求与目标

设计师在着手进行"地底世界"主题室内酒店的设计时，需要先明确并具体化设计需求和目标，确保如下几点关键要素得到充分考虑。

设计风格：旨在打造一种神秘且充满未来主义气息的设计，巧妙融合地底洞穴的自然元素(如粗糙的岩石、潺潺流水)与科幻感(如发光元素、金属装饰)，营造出既原始又现代的独特氛围。

核心元素：材质选择上，将采用粗糙的岩石、透明玻璃、冷峻金属及温暖的木质纹理，通过这些材质的对比与融合，展现多维质感。形状设计上，则以有机曲线和不对称结构为主导，赋予空间流动感和生命力。家具类型上，精选舒适的沙发、独特的圆形吊灯及富有层次的地毯，共同营造一种沉浸式的探索体验。

空间布局：大堂将采用开放式布局，结合多层次的平台设计，巧妙模拟地底悬崖与洞穴的自然结构，增强视觉冲击力。客房则设计得紧凑而宽敞，通过融入隧道般的流线型设计，让住客仿佛置身于地底世界的探险之旅。

目标用户群体：明确设计旨在吸引追求独特体验的冒险者、对科幻世界充满好奇的爱好者，以及追求高品质住宿体验的高端旅游者。

功能需求：设计需兼顾休息、社交及沉浸式体验的功能需求，同时确保空间的实用性与安全性，为宾客提供既舒适又安心的住宿环境。

光照与氛围：利用柔和的蓝色、紫色灯光模拟地底发光矿石的奇幻效果，结合自然光效的巧妙运用，营造出既神秘又迷人的氛围，让宾客仿佛置身于一个梦幻般的世界。

这些详尽的需求与目标为后续效果图像的生成奠定了坚实的基础，确保最终的设计输出能够高度契合创意构想。

2. 输入关键需求进入DeepSeek

设计师将上述经过精心梳理的设计需求输入DeepSeek中，请求其围绕“地底世界”这一主题进一步丰富和完善创意构想，并生成一份详尽的设计说明。以下是一份由DeepSeek生成的设计说明概要，如图9-8所示。

3. DeepSeek生成提示词

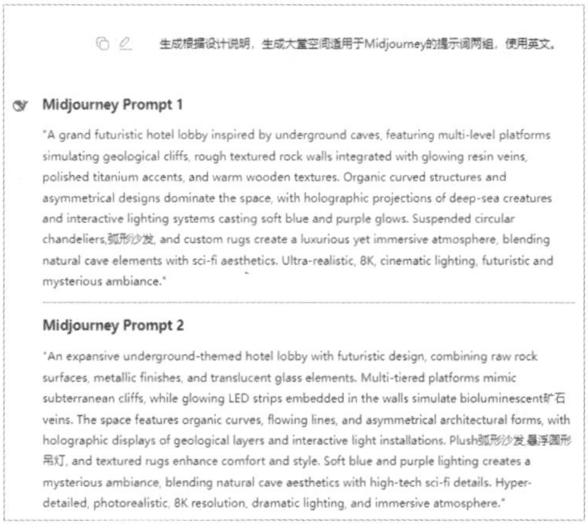

将前文中的设计说明输入DeepSeek中，要求其生成两组大堂空间的提示词，使用英文，如图9-9所示。

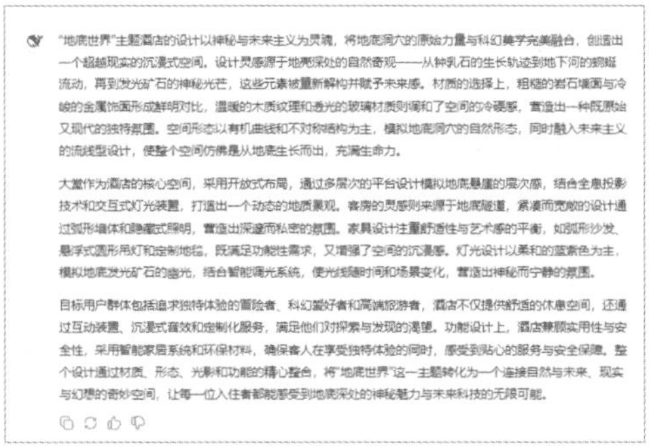

"地底世界"主题酒店的设计以神秘与未来主义为灵魂，将地底洞穴的原始力量与科幻美学完美融合，创造出一个超越现实的沉浸式空间。设计灵感源于地底深处的自然奇观——从钟乳石的生长轨迹到地下河的蜿蜒流动，再到发光矿石的神秘光芒，这些元素被重新解构并赋予未来感。材质的选择上，粗糙的岩石墙面与冷峻的金属饰面形成鲜明对比，温暖的木质纹理和透光的玻璃材质则调和了空间的冷硬感，营造出一种既原始又现代的独特氛围。空间形态以有机曲线和不对称结构为主，模拟地底洞穴的自然形态，同时融入未来主义的流线型设计，使整个空间仿佛是从地底生长而出，充满生命力。

大堂作为酒店的核心空间，采用开放式布局，通过多层次的平台设计模拟地底悬崖的层次感，结合全息投影技术和交互式灯光装置，打造出一个动态的地质景观。客房的灵感则来源于地底隧道，紧凑而宽敞的设计通过弧形墙体和隐藏式照明，营造出深邃而私密的氛围。家具设计注重舒适性与艺术感的平衡，如弧形沙发、悬浮式圆形吊灯和定制地毯，既满足功能性需求，又增强了空间的沉浸感。灯光设计以柔和的蓝紫色为主，模拟地底发光矿石的幽光，结合智能调光系统，使光线随时间和场景变化，营造出神秘而宁静的氛围。

目标用户群体包括追求独特体验的冒险者、科幻爱好者和高端旅游者，酒店不仅提供舒适的休息空间，还通过互动装置、沉浸式音效和定制化服务，满足他们对探索与发现的渴望。功能设计上，酒店兼顾实用性与安全性，采用智能家居系统和环保材料，确保客人在享受独特体验的同时，感受到贴心的服务与安全保障。整个设计通过材质、形态、光影和功能的精心整合，将"地底世界"这一主题转化为一个连接自然与未来、现实与幻想的奇妙空间，让每一位入住者都能感受到地底深处的神秘魅力与未来科技的无限可能。

图9-8

生成根据设计说明，生成大堂空间适用于Midjourney的提示词两组，使用英文。

Midjourney Prompt 1

"A grand futuristic hotel lobby inspired by underground caves, featuring multi-level platforms simulating geological cliffs, rough textured rock walls integrated with glowing resin veins, polished titanium accents, and warm wooden textures. Organic curved structures and asymmetrical designs dominate the space, with holographic projections of deep-sea creatures and interactive lighting systems casting soft blue and purple glows. Suspended circular chandeliers,弧形沙发, and custom rugs create a luxurious yet immersive atmosphere, blending natural cave elements with sci-fi aesthetics. Ultra-realistic, 8K, cinematic lighting, futuristic and mysterious ambiance."

Midjourney Prompt 2

"An expansive underground-themed hotel lobby with futuristic design, combining raw rock surfaces, metallic finishes, and translucent glass elements. Multi-tiered platforms mimic subterranean cliffs, while glowing LED strips embedded in the walls simulate bioluminescent矿石 veins. The space features organic curves, flowing lines, and asymmetrical architectural forms, with holographic displays of geological layers and interactive light installations. Plush弧形沙发,悬浮圆形吊灯, and textured rugs enhance comfort and style. Soft blue and purple lighting creates a mysterious ambiance, blending natural cave aesthetics with high-tech sci-fi details. Hyper-detailed, photorealistic, 8K resolution, dramatic lighting, and immersive atmosphere."

图9-9

4. 选择图像生成工具

设计师将DeepSeek生成的提示词输入图像生成工具(如Midjourney)，通过这些精准的提示词，工具将生成初步的效果图，如图9-10所示。

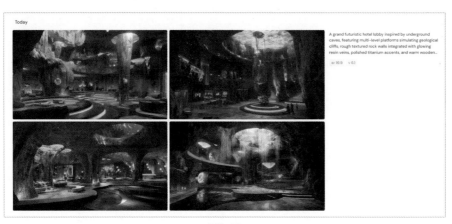

图9-10

5. 优化与调整

通过生成的初步效果图，评估图像是否符合设计需求。如果图像存在偏差，设计师可以根据反馈进行调整，优化提示词，如图9-11所示。

6. 生成改进图像与多版本对比

在效果图生成和调整过程中，设计师可能会生成多个版本，并对比不同版本的效果图。优化后的提示词生成图像，如图9-12所示。通过这种方式，设计师可以看到不同方案的优缺点，从而选出最符合需求的设计效果图。

图9-11

图9-12

7. 生成其他空间效果图并完善设计

当设计师获得满意的效果图后，会选定其作为最终版本，并依据此效果图来指导其他空间效果图的完成。同时，设计说明等文字表述也会得到进一步的完善，这些文字表述与效果图共同构成了酒店设计的概念设计图纸，为后续的真实案例设计提供参考。这些精心制作的效果图不仅有助于团队成员深入理解设计方案，还能为客户提供一个清晰的视觉预览。

9.3 DeepSeek生成PS脚本及PPT报告

在现代数字设计与创作流程中，效率与精确度是每位设计师和创作者不懈追求的目标。特别是在图像处理和报告生成环节，如何迅速且精准地完成任务成为众多设计师面临的难题。DeepSeek作为一款融合了数据分析、自然语言处理与创意生成能力的先进智能工具，能够显著提升图像处理、设计脚本编写，以及PPT报告生成的效率与质量。

本节将聚焦于如何利用DeepSeek生成适用于Photoshop修复脚本，以及优化PPT报告的提示词。在此过程中，DeepSeek不仅实现了修复与创作的自动化流程，还能依据用户的具体需求，协助他们更好地掌控创作的方向与效果。

9.3.1 PS脚本修复老照片

随着数字技术的不断进步，图像修复技术已从传统的手工处理模式转变为更加高效的自动化流程。老照片，尤其是那些历经岁月洗礼的照片，往往面临着色彩褪变、划痕、斑点、褶皱等诸多问题，这些问题不仅降低了照片的整体观赏性，也大大削弱了其承载的回忆价值。传统的修复手段不仅耗时费力，而且难以保证修复效果的自然与精准。相比之下，现代自动化工具，尤其是PS脚本的应用，极大地提升了修复效率，能够在保持照片原始美感的同时，实现更为精确的修复。

在本小节中，我们将深入探讨如何利用DeepSeek来生成和优化PS脚本，以便更有效地修复老照片。DeepSeek凭借其强大的图像分析能力，能够自动识别照片中存在的各种问题，并据此自动生成高效的修复脚本。这一功能不仅极大地简化了修复流程，还使用户能够迅速而精准地解决老照片中的各类常见问题。

1. 修复老照片中的常见问题

老照片在时间的洗礼下，会留下诸多岁月的痕迹。

色彩褪色与失真：随着时间的推移，老照片的色彩通常会变得暗淡无光，甚至可能出现偏色现象。在修复过程中，需要努力恢复照片原有的色彩深度和饱和度，使其重现往日的光彩。

划痕与污渍：由于保存条件不佳，照片表面常常会留下划痕、污渍或斑点等瑕疵。这些瑕疵不仅会影响照片的清晰度，还会大大降低其视觉效果。因此，在修复时需要仔细处理这些瑕疵，以确保照片的整洁与美观。

褶皱与裂纹：老照片在长期保存过程中，可能会因为各种原因出现折痕或裂纹。这些瑕疵会破坏照片的整体感，需要通过修复技术将其平整化，从而恢复照片的原貌。

模糊与低分辨率：受限于当时的拍摄技术，一些老照片的图像可能会显得模糊或分辨率较低。虽然无法完全恢复到现代照片的高分辨率水平，但可以通过先进的图像处理技术提升图像的清晰度和细节表现，使其更加生动逼真。

2. DeepSeek生成PS修复脚本

虽然DeepSeek无法直接生成图像或进行照片修复，但它能够智能地分析图片中的问题，并根据需求自动生成修复方案，进而将这些方案转化为适用于Photoshop的脚本，具体的流程如下。

▶ 问题诊断与评估

用户需要手动输入老照片存在的问题，或将老照片上传至DeepSeek进行分析。例如，用户可以请求DeepSeek检测照片中的色彩褪色、划痕、污渍、褶皱等问题。

▶ 生成PS脚本

一旦问题被识别，DeepSeek将针对每张照片生成一系列修复脚本，为不同的问题提供具体的操作建议。例如：

- 针对色彩褪色问题，DeepSeek会生成一个修复色彩的脚本，建议使用"色阶调整""饱和度增强"和"曲线调整"等工具来恢复照片的原始色调。
- 针对划痕与污渍问题，DeepSeek会生成一个使用修复工具的脚本，可能涉及"修复画笔工具"或"污点修复工具"来清除照片中的瑕疵。
- 针对褶皱与裂纹问题，DeepSeek会生成一个平整图像的修复脚本，利用"内容感知填充"或"修复画笔"等技术来填补裂纹。

▶ 批量处理

为了提高工作效率，DeepSeek还支持批量处理功能。用户可以一次性上传多张老照片，DeepSeek会自动分析每张照片的问题，并为每张照片生成相应的修复脚本。

3. 自动化修复过程

在自动化修复老照片的过程中，用户首先通过输入描述性的提示词，向DeepSeek请求生成一个专门用于老照片修复的Photoshop脚本。DeepSeek凭借其卓越的自然语言处理和代码生成技术，能够输出符合Photoshop ExtendScript标准的JavaScript代码。

一旦用户获取了由DeepSeek生成的脚本，他们可以轻松地将其导入Photoshop中。随后，利用这个脚本，用户可以执行批量操作，高效地修复多张老照片。以下是详细的应用流程。

1 生成脚本。利用DeepSeek，自动化生成脚本。

```javascript
// 文件名: restoreOldStreetPhotoCrackFix.jsx
// 适用于 Adobe Photoshop CS6 13.0.1 x64
// 功能: 修复老照片的模糊、色彩褪色、暗部亮度、裂缝和褶皱(部分自动化+手动优化)，支持动作集成

// 主函数: 处理当前打开的文档
function restorePhoto() {
    if (app.documents.length > 0) {
        var doc = app.activeDocument; // 获取当前活动文档

        try {
            // 确保活动图层是普通图层(处理背景层)
            if (doc.activeLayer.isBackgroundLayer) {
                doc.activeLayer.name = "Layer 0"; // 转换背景层为普通图层
                doc.activeLayer.isBackgroundLayer = false;
            }

            // 1. 修复模糊 - 智能锐化
            doc.activeLayer.duplicate();
            doc.activeLayer.name = "Sharpened Layer";
            var descSharpen = new ActionDescriptor();
            descSharpen.putUnitDouble(charIDToTypeID("Amnt"), charIDToTypeID
("#Prc"), 120); // 锐化强度 120%
            descSharpen.putUnitDouble(charIDToTypeID("Rds"), charIDToTypeID
("#Pxl"), 0.8); // 半径 0.8 像素
            descSharpen.putEnumerated(charIDToTypeID("Type"), charIDToTypeID
("Shtp"), charIDToTypeID("GsnB"));
            executeAction(charIDToTypeID("Shrp"), descSharpen, DialogModes.NO);

            // 2. 修复色彩并最大化提升暗部亮度 - 色阶调整(无对比度调整)
            var descLevels = new ActionDescriptor();
            var refLevels = new ActionReference();
            refLevels.putClass(charIDToTypeID("AdjL"));
            descLevels.putReference(charIDToTypeID("null"), refLevels);
            var descLevelsAdjust = new ActionDescriptor();
            descLevelsAdjust.putDouble(charIDToTypeID("Inpt"), 80.0); // 输入黑
点调整为 80(最大化提升暗部亮度)
            descLevelsAdjust.putDouble(charIDToTypeID("Inpt"), 255.0); // 输入
白点保持最大值
            descLevelsAdjust.putDouble(charIDToTypeID("Gmm "), 4.0); // 最大调整
伽马值增加暗部亮度，保持对比度不变
            descLevels.putObject(charIDToTypeID("Usng"), charIDToTypeID
("AdjL"), descLevelsAdjust);
            executeAction(charIDToTypeID("Mk"), descLevels, DialogModes.NO);

            // 3. 初步修复裂缝和褶皱 - 去噪并平滑边缘(CS6 功能有限)
            doc.activeLayer.duplicate();
            doc.activeLayer.name = "CrackFix Layer";
            var descNoise = new ActionDescriptor();
            descNoise.putUnitDouble(charIDToTypeID("Rds"), charIDToTypeID
("#Pxl"), 1.5); // 去噪半径增加到 1.5 像素
            descNoise.putUnitDouble(charIDToTypeID("Strg"), charIDToTypeID
("#Prc"), 60); // 强度增加到 60%
            executeAction(charIDToTypeID("Dsn"), descNoise, DialogModes.NO);
// 执行去噪
```

```
            // 应用高斯模糊平滑边缘 (轻微处理裂缝和褶皱)
            var descBlur = new ActionDescriptor();
            descBlur.putUnitDouble(charIDToTypeID("Rds"), charIDToTypeID
("#Pxl"), 0.5); // 高斯模糊半径 0.5 像素
            executeAction(charIDToTypeID("Gsn"), descBlur, DialogModes.NO); //
执行高斯模糊

            // 4. 去噪 (基础去噪，CS6 功能有限)
            doc.activeLayer.duplicate();
            doc.activeLayer.name = "Denoised Layer";
            var descNoiseFinal = new ActionDescriptor();
            descNoiseFinal.putUnitDouble(charIDToTypeID("Rds"), charIDToTypeID
("#Pxl"), 1.0); // 去噪半径 1.0 像素
            descNoiseFinal.putUnitDouble(charIDToTypeID("Strg"), charIDToTypeID
("#Prc"), 50); // 强度 50%
            executeAction(charIDToTypeID("Dsn"), descNoiseFinal, DialogModes.
NO); // 执行去噪

            alert("照片修复并提升暗部亮度完成！请检查图层并手动处理裂缝、褶皱和残余噪点。");
        } catch (e) {
            alert("处理文档 '" + doc.name + "' 失败：" + e);
        }
    } else {
        alert("请先打开一张照片！");
    }
}

// 如果脚本直接运行，执行修复
restorePhoto();

// 动作支持：将以下代码用于动作面板
// 在动作中调用：app.doScript("restorePhoto", "restoreOldStreetPhotoCrackF
ix");
```

2 保存脚本。新建一个文本文档并打开，复制粘贴上述生成的脚本内容，另存为.jsx格式，文件名为"修复脚本.jsx"，如图9-13所示。

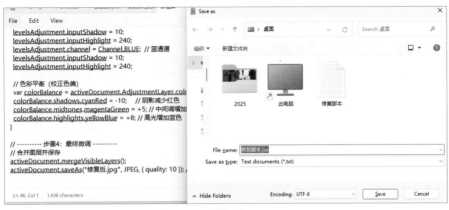

图9-13

3 导入脚本到Photoshop。打开Photoshop，执行"文件">"脚本">"浏览"菜单命令，打开"载入"对话框，选择"修复脚本.jsx"文档，如图9-14所示。

4 运行脚本。原始老照片和最终修复图像的对比，如图9-15所示。

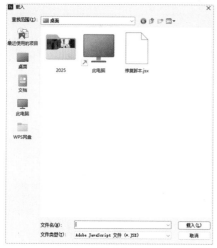

图9-14　　　　　　　　　　　　　　　　　　　　　　图9-15

9.3.2　PPT报告生成

在现代职场环境中，PPT报告已成为信息传递、创意展示及推动决策的关键工具。尤其在处理复杂数据、展示研究成果或汇报项目进展时，PPT报告的清晰度和直观性显得尤为重要。然而，制作一份高效能的PPT报告，并非简单的内容堆砌，而是需要细致入微的视觉设计与合理的结构布局。DeepSeek通过提供PPT报告的提示词和结构化思路，助力用户迅速打造出既具逻辑性、又富创意和美学价值的PPT报告，从而增强信息传递的效果，提升观众的接受度。

本小节将详细介绍如何利用DeepSeek生成PPT报告的提示词，并进一步说明如何结合KIMI的PPT助手功能，共同制作出完整的PPT报告。

1 输入提示词。用户向DeepSeek提供具体的需求。

> 我是一名AI艺术研究者，需要做一份AI艺术发展趋势PPT大纲，并且以Markdown的形式输出给我。

2 脚本生成。DeepSeek根据提示词，生成一个PPT脚本，如下所示。

```
# AI艺术发展趋势研究报告

## 封面页
**标题**：2023-2030 AI艺术发展路径与技术革新
**副标题**：从算法生成到人机共创的范式转移
**作者信息**：AI艺术实验室
**日期**：2023年8月


---
## 目录
1．技术演进脉络
2．核心创新方向
3．行业应用图谱
```

4. 伦理争议焦点
5. 未来形态展望

第1章：技术演进观察
1.1 发展里程碑
- 2015：GANs突破图像生成边界
- 2021：CLIP开启多模态创作
- 2022：Diffusion模型质量飞跃
- 2023：ControlNet实现精准控制

1.2 关键技术突破
- 物理引擎与神经渲染融合
- 实时生成算力提升方案
- 个性化风格迁移算法
- 多感官交互生成系统

第2章：创作范式革新
2.1 新型创作模式
- 动态艺术：参数化实时生成
- 交互艺术：观众参与式创作
- 衍生艺术：NFT元数据编程
- 混合现实：AR空间生成艺术

2.2 工具链进化
- 创意增强型IDE
- 语义级控制面板
- 跨模态转换工具
- 智能素材库系统

第3章：产业应用图谱
3.1 商业化应用场景
- 影视：动态分镜智能生成
- 游戏：程序化资产创建
- 设计：智能风格迁移系统
- 教育：个性化艺术教学

3.2 市场数据洞察
- 全球AI艺术市场规模预测(2023-2030)
- 创作者群体结构分析
- 艺术品交易平台新生态

第4章：伦理争议焦点
4.1 核心争议点
- 著作权归属模型
- 风格模仿道德边界
- 算法偏见与审美垄断
- 数字遗产管理机制

4.2 治理框架建议

- 创作过程可追溯系统
- 算法透明度标准
- 创作者认证体系
- 收益分配智能合约

第5章：未来形态展望
5.1 技术融合趋势
- 量子计算赋能实时生成
- 脑机接口创作系统
- 跨维度艺术生成
- 自主进化型艺术AI

5.2 艺术本体论变革
- 人机共生创作范式
- 动态可进化艺术品
- 沉浸式感知艺术
- 社会参与式集体创作

结语
核心观点：AI正在重构艺术创作DNA
终极追问：当机器具备审美自觉，艺术的定义将如何改写？

附录
- 关键论文索引
- 开源工具清单
- 行业白皮书索引
- 典型应用案例库

3 访问KIMI的官方网站，在页面左侧边栏中找到并单击"KIMI+"选项。随后，在弹出的界面中，单击"PPT助手"功能进行操作，如图9-16所示。

图9-16

4 在对话栏中，输入由DeepSeek生成的PPT脚本内容，具体操作界面如图9-17所示。

图9-17

5 当PPT助手根据输入的脚本内容生成相应页面后，单击界面上的"一键生成PPT"按钮，完成整个PPT的制作，操作如图9-18所示。

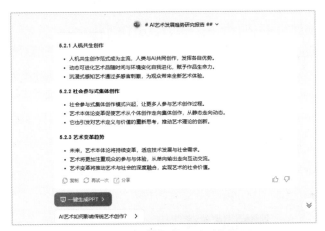

图9-18

6 在PPT生成后，用户需要根据内容的性质选择适合的模板场景和设计风格。针对生成的内容，可以选择"教育培训"或"科技"等风格，具体操作界面如图9-19所示。

图9-19

7 PPT助手会根据用户所选的模板场景和设计风格，开始自动生成PPT的具体内容。待生成过程完成后，单击界面右下角的"下载"按钮，即可轻松获取完整的PPT文件，具体操作如图9-20所示。

图9-20

9.4 东方神话主题作品提示词优化

本节将通过一个实战案例，详细展示如何逐步精炼提示词，从而创作出满足特定需求的高质量图像。此案例将涵盖从初步构思提示词到最终精心优化提示词的整个演变过程，旨在阐释如何提升提示词的精确度和所生成图像的品质。这一过程不仅对于Midjourney等AI图像生成工具具有指导意义，同时为艺术创作者提供了宝贵经验，教会他们如何通过调整提示词来获取最贴合心意的艺术作品。

初始提示词：神话中的仙女，山水背景，中国风--niji 6--ar 3:4，生成的图像如图9-21所示。

图9-21

▶ 提示词问题汇总

该初始提示词虽已勾勒出创作的大致主题与背景，但因其过于宽泛，缺少了必要的细节与明确的风格导向，这可能导致生成的图像难以精准贴合特定的艺术需求。下面列出了四大主要问题。

问题1：风格界定模糊——未具体指明采用何种艺术流派或风格(如文人画、年画、壁画等)。

问题2：人物特征含混——未清晰描绘人物所处的时代背景、所着服饰及妆容等细节特征，这可能导致生成的仙女形象不够鲜明准确。

问题3：环境细节缺失——背景中的山水景观描述过于笼统，缺乏具体的细节描绘或构图上的参考。

问题4：色彩方案未定——未给出明确的色彩运用方案，这可能导致图像色调显得杂乱无章或缺乏必要的层次感。

▶ 提示词优化

通过对初始提示词的深入分析，我们已识别出上述关键问题，这些问题严重制约了创作的精准度。为了优化这些问题，需要对每一方面进行细致的雕琢，具体优化策略如下。

优化1：加入时代参考——为了明确时代特色，我们引入了吴道子《八十七神仙卷》的线描风格作为参考。吴道子作为唐代杰出的画家，其《八十七神仙卷》是道教艺术的瑰宝，细腻的线条与神话人物的描绘风格将为我们的人物形象塑造提供有力支撑。

优化2：明确人物特征——指定了唐代仕女的妆容风格，并借鉴敦煌飞天造型来设计披帛。唐代仕女的妆容典雅大方，而敦煌飞天造型则能生动地展现出仙女的飘逸与神话韵味。

优化3：丰富环境细节——通过描绘青绿山水间点缀的朱砂色枫树，以及呈现S形构图的溪流来增强环境的表现力。青绿山水是中国传统山水画的经典样式，而朱砂色枫树与S形溪流则能为画面增添动感与层次。

优化4：设定色彩方案——采用矿物颜料进行设色，并以石青石绿作为主色调。这将确保画面具有浓厚的传统色彩韵味，同时石青石绿的使用还能进一步提升作品的层次与厚重感。

经过上述优化后，得到了一个更加详尽且精确的提示词，并将其翻译成英文后输入到谷歌翻译中进行验证，生成效果如图9-22所示。

中文提示词：唐代道教仙女驾祥云图，吴道子白描技法与北宋青绿山水结合，人物面容丰腴戴步摇冠，披帛呈波浪形飘浮，背景层峦叠嶂施以石青，点缀朱砂色枫树与金粉勾云纹，绢本设色质感 --niji 6 --ar 3:4

英文提示词：A Taoist fairy riding a cloud from the Tang Dynasty, combining Wu Daozi's line drawing technique with Northern Song Dynasty green landscape painting. The figure has a plump face and wears a step-shaking crown, with a floating wavy scarf. The background is a layered mountain range with azure, embellished with cinnabar maple trees and gold powder outline cloud patterns. The silk painting has a textured color. --niji 6 --ar 3:4

经过此番优化，图像的风格变得更为鲜明，人物形象跃然纸上，栩栩如生。背景的细节刻画与色彩方案的精心设定也得到了显著提升。这样的优化处理使得最终生成的图像能够更完美地诠释东方神话的主题，同时充分展现出传统中国艺术的独特韵味与细腻表现手法。

图9-22

9.5　本章小结

本章深入探讨了DeepSeek在数字艺术图像生成、艺术设计创作，以及图像处理和PPT报告生成中的应用。首先，DeepSeek帮助用户通过精准的提示词生成和优化，激发创意灵感并产生符合需求的数字艺术作品。其次，结合跨领域灵感，DeepSeek能够在艺术设计中提供多元化的创意方案和设计效果图，突破传统思维框架。此外，DeepSeek在PS脚本生成方面，通过自动化修复老照片，帮助用户高效修复图像细节。而在PPT报告生成方面，DeepSeek提供结构化的报告框架和设计建议，提升报告制作的效率和质量。通过实际案例展示，本章旨在帮助用户理解DeepSeek的技术功能，并学会灵活运用这些工具，提升艺术创作与设计的创新性和实用性。

9.6　课后练习

▶ 练习1：创意提示词生成

使用DeepSeek生成一组与设计项目相关的创意提示词，尝试根据不同的艺术风格(如水彩、油画等)生成多种风格的图像。总结并分析哪些提示词对激发创意最有效。

▶ 练习2：PPT报告生成

假设你是一名市场分析师，需要准备一份关于"元宇宙商业应用趋势"的PPT报告。利用DeepSeek和KIMI的PPT助手，生成Markdown格式的报告脚本，选择"科技"模板生成PPT，分析优缺点并提出3条改进建议。

第10章
调用DeepSeek API打造智能生态

　　DeepSeek API为开发者提供了便捷的途径，将先进的AI技术集成到各类应用中。通过简单的API调用，开发者可以轻松访问DeepSeek强大的自然语言处理、计算机视觉等能力，构建智能聊天机器人、内容生成、图像分析等应用。本章将深入探讨DeepSeek API的使用方法，并结合实际案例，展示如何利用API打造创新智能应用，助力开发者快速实现AI赋能。

　　本章将系统介绍DeepSeek API的理论基础与技术架构，概述DeepSeek API的核心功能与应用场景，深入解析API的设计理念与调用机制，并且探讨API的性能优化与安全策略，帮助开发者理解如何高效、安全地调用DeepSeek API。通过本章的学习，读者将掌握DeepSeek API的理论知识，为后续的实践应用奠定坚实的基础。

10.1　DeepSeek API介绍

DeepSeek API是基于深度学习技术构建的一套开放接口，旨在为开发者提供高效、灵活的人工智能服务。其理论核心依托于大规模预训练模型，通过微调与迁移学习实现多任务适配。API采用RESTful架构，支持JSON格式的数据交互，提供自然语言处理、计算机视觉等领域的核心功能，如文本生成、语义理解、图像识别等。DeepSeek API的设计注重可扩展性与易用性，开发者可通过简单的HTTP请求调用复杂AI能力，同时支持异步处理与流式响应，满足多样化应用场景的需求。

▶ 智能问答

DeepSeek API支持基础的问答功能，用户可以直接提问，并获取准确的回答。同时，它还支持多轮对话，能够自动记忆上下文，实现更自然的交互体验。无论是日常生活中的小问题，还是专业领域的复杂问题，DeepSeek都能给出满意的答复。

▶ 代码生成与解析

对于开发者来说，DeepSeek API的代码生成功能无疑是一大亮点。它支持多种编程语言，如Python、Java、C++等，能够根据用户需求生成高质量的代码片段。此外，它还能对现有代码进行解释、优化和调试，帮助开发者提高工作效率。

▶ 文本分析与创作

DeepSeek API在文本处理方面同样表现出色。它能够对文本内容进行分析、归类和摘要提取，帮助用户快速理解大量信息。同时，它还支持文案创作、诗歌生成等创意性任务，为内容创作者提供灵感与支持。

图10-1为DeepSeek的API文档，其网址为https://api-docs.deepseek.com/zh-cn/。

图10-1

10.2 调用DeepSeek API的方法

要使用DeepSeek API，需要先拿到与API交互的凭证，这里采用的是API key的方法。每个注册用户都有一个独立的密钥，有了它才能开启与DeepSeek大语言模型的交互。下面是调用DeepSeek API的步骤：

第1步，注册账号。

第2步，创建API key。

第3步，添加DeepSeek-Reasoner模型。

编程语言：DeepSeek API支持多种编程语言，如Python、Java、C++等。目前，最适合的语言莫过于Python，因为其简洁的语法、丰富的插件，以及适配目前主流大数据库的特点，使得在DeepSeek API调用时十分方便。当然，Java和C#语言也能够与DeepSeek API很好地适配。

开发工具：选择一个称手的集成开发环境(IDE)，能够大大提高开发效率。如果使用Python语言，VSCode就是个非常不错的选择，它具有智能代码提示、调试方便等优点，同时可以调用DeepSeek进行AI编程，能在编写代码时少走弯路。如果使用C#语言，Cursor也是行业内广泛使用的集成开发环境(IDE)，其功能强大，也可以进行AI编程，能满足各种复杂项目的开发需求。

安装必要的库：以Python为例，需要安装OpenAI的Python SDK，因为DeepSeek API兼容OpenAI API格式，所以安装SDK能更方便地调用DeepSeek API。打开命令行工具，输入"pip install openai"，等待安装完成，就可以开始在代码中引入相关库，实现API的调用。

以下是调用DeepSeek-Chat API的Python代码：

```python
from openai import OpenAI
client = OpenAI(api_key="你的API KEY", base_url="https://api.deepseek.com")

response = client.chat.completions.create(
    model="deepseek-chat",
    messages=[
        {"role": "system", "content": "You are a helpful assistant"},
        {"role": "user", "content": "Hello"},
    ],
    stream=False
)

print(response.choices[0].message.content)
```

以下是调用DeepSeek-Reasoner API的Python代码：

```python
from openai import OpenAI
client = OpenAI(api_key="<DeepSeek API Key>", base_url="https://api.deepseek.com")

# Round 1
messages = [{"role": "user", "content": "9.11 and 9.8, which is greater?"}]
response = client.chat.completions.create(
model="deepseek-reasoner",
messages=messages
)
reasoning_content = response.choices[0].message.reasoning_content
content = response.choices[0].message.content
```

```
# Round 2
messages.append({'role': 'assistant', 'content': content})
messages.append({'role': 'user', 'content': "How many Rs are there in the word
'strawberry'?"})
response = client.chat.completions.create(
model="deepseek-reasoner",
messages=messages
)
```

在下面的内容中，会对以上代码进行讲解。

10.2.1 创建API key

要调用DeepSeek API，第一步需创建API key，具体步骤如下。

1 登录DeepSeek，单击右上角的"开放平台"按钮，如图10-2所示。

2 进入DeepSeek的开放平台，登录后，进入API key的管理界面，如图10-3所示。

3 在左边的菜单栏中，单击API keys选项，进入API keys的管理界面，如图10-4所示。

图10-2

图10-3

API keys

列表内是你的全部 API key，API key 仅在创建时可见可复制，请妥善保存。不要与他人共享你的 API key，或将其暴露在浏览器或其他客户端代码中。为了保护你的帐户安全，我们可能会自动禁用我们发现已公开泄露的 API key。我们未对 2024 年 4 月 25 日前创建的 API key 的使用情况进行追踪。

名称	Key		创建日期	最新使用日期

暂无 API key，你可以 创建 API key

创建 API key

图10-4

4 单击"创建API key"按钮，在弹出的对话框中输入API的名称，根据需要对API命名即可，主要是方便识别和管理，这里将名称改为My Code。输入后系统会生成一串长长的字符，这就是API key，是API的专属密钥。此后，该密钥无法查看，因此需要马上将其保存到剪贴板或者记录下来，不能泄露给他人，如图10-5所示。

图10-5

5 创建好的API key会呈现在API keys的列表当中，如图10-6所示。

API keys

列表内是你的全部 API key，API key 仅在创建时可见可复制，请妥善保存。不要与他人共享你的 API key，或将其暴露在浏览器或其他客户端代码中。为了保护你的帐户安全，我们可能会自动禁用我们发现已公开泄露的 API key。我们未对 2024 年 4 月 25 日前创建的 API key 的使用情况进行追踪。

名称	Key	创建日期	最新使用日期		
My Code	sk-f5974**********************5b24	2025-02-13	2025-02-13	✎	🗑

创建 API key

图10-6

10.2.2 添加DeepSeek-Chat模型

使用Python调用DeepSeek API对话模型的代码：

```
//调用DeepSeek chat
from openai import OpenAI

client = OpenAI(api_key="<DeepSeek API Key>", base_url="https://api.deepseek.com")
```

```
response = client.chat.completions.create(
    model="deepseek-chat",
    messages=[
        {"role": "system", "content": "You are a helpful assistant"},
        {"role": "user", "content": "Hello"},
    ],
    stream=False
)

print(response.choices[0].message.content)
```

以上是调用DeepSeek API对话模型的方法，在api-key=""后面填入API key。在这段代码

中，model参数指定了要调用的是deepseek-chat
模型，为基础对话模型；message参数则是与模型
进行交流的内容；role代表角色；system设定了模
型的角色，user则是用户自己提出的问题。

对话模型运行的结果，如图10-7所示。

图10-7

10.2.3 添加DeepSeek-Reasoner模型

调用DeepSeek-Reasoner的Python代码：

```
from openai import OpenAI
client = OpenAI(api_key="<DeepSeek API Key>", base_url="https://api.deepseek.com")

# Round 1
messages = [{"role": "user", "content": "9.11 and 9.8, which is greater?"}]
response = client.chat.completions.create(
    model="deepseek-reasoner",
    messages=messages
)

reasoning_content = response.choices[0].message.model_extra['reasoning_content']
content = response.choices[0].message.content
print("思考过程:",resoning_content)
print("最终答案:",content)

# Round 2
messages.append({'role': 'assistant', 'content': content})
messages.append({'role': 'user', 'content': "How many Rs are there in the word 'strawberry'?"})
response = client.chat.completions.create(
    model="deepseek-reasoner",
    messages=messages
)
reasoning_content = response.choices[0].message.model_extra['reasoning_content']
content = response.choices[0].message.content
print("思考过程:",resoning_content)
print("最终答案:",content)
)
# ...
```

以上是调用DeepSeek API推理模型的方法，在api_key=""后面填入API key。在这段代码

中，model参数指定了要调用的是deepseek-reasoner模型，为推理模型；message参数则是与模型进行交流的内容；role代表角色；system设定了模型的角色；user则是用户自己提出的问题。

在推理模型中，除了能得到最终答案content，还能通过response.choices[0].message.model_extra['reasoning_content']获取模型的思考过程reasoning_content，让用户能够看到模型的推理逻辑。

推理模型运行的结果，如图10-8所示。

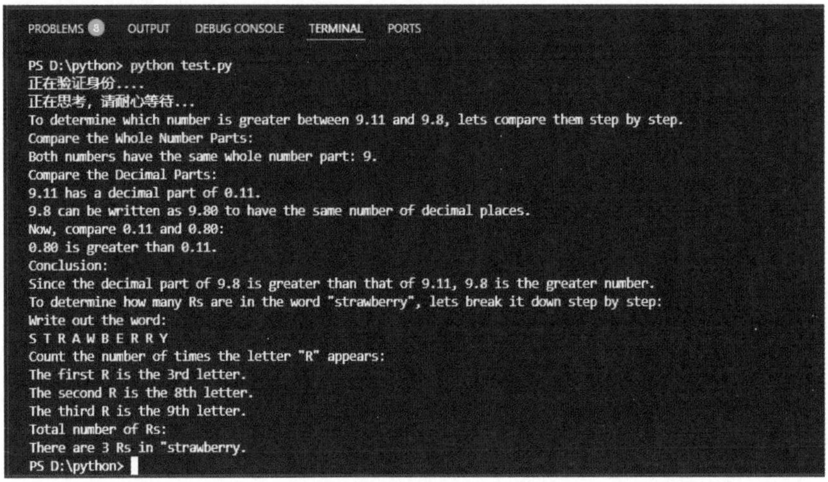

图10-8

10.2.4　DeepSeek API消息格式

在与DeepSeek模型交流时，消息格式就如同我们使用的语言规范，只有遵循规范，才能实现顺畅的沟通。DeepSeek API支持四种消息格式：System message、User message、Assistant message、Tool message。

System message： 它就像是整个系统的谈话基调确定者，为AI赋予一定的身份。参数包括content(消息内容)、role(固定为system)和name(可选的参与者名称，用于区分相同角色的参与者)。

例如：

```
{"role": "system", "content": "你是一个专业的旅行规划师", "name": "旅行大师"}
```
这段消息告诉模型，它要扮演一个专业的旅行规划师，在后续的对话中，就会根据这个设定来回答用户的问题。

User message： 这是用户与模型对话的主要方式，就如同向舞台上的演员提问。参数有content(用户的问题或输入内容)、role(固定为user)和name(可选)。

例如：

```
{"role": "user", "content": "推荐一些适合在三亚去吃的大排档", "name": "小花"}
```
模型收到这样的用户消息后，就会根据自身的知识和设定的角色，给出相应的回答。

Assistant message： 这是模型给我们的回复，就像演员的精彩表演。参数有content(回复内容)、role(固定为assistant)和name(可选)。此外，还有一些特殊参数，当prefix设置为true时，能强制模型在回答中以此消息中提供的前缀内容开始。

例如：

```
{"role": "assistant", "content": "为你推荐几个成都附近适合拍照的景点: ", "name": "
旅行大师", "prefix": true}
    这样模型的回答就会以"为你推荐几个成都附近适合拍照的景点: "作为开头。对于DeepSeek -
Reasoner模型, 还有reasoning_content参数, 用于在对话前缀续写功能下, 作为最后一条assistant
思维链内容的输入。
```

Tool message：用来和外部的工具进行交互，参数包括content(消息内容)、role(固定为tool)和tool_call_id(此消息所响应的 tool call 的 ID)。在一些需要调用其他软件接口的项目场景时，就会用到 Tool message。

例如：

```
{"role": "tool", "content": "weather_data","tool_call_id","tool_call_id"}
    在用户询问天气情况时, DeepSeek需要调用天气API获取数据, 消息中的角色是tool, content为天
气数据, 工具调用的结果通过Tool message 返回, 并附带 tool_call_id。
```

10.2.5 在VSCode中使用DeepSeek

本小节重点介绍Visual Studio Code源代码编辑器，简称VSCode。它是目前被广泛使用的代码编写集成开发环境(IDE)，尤其适合前端开发和Python开发。本小节主要对在VSCode中使用DeepSeek的方法进行讲解。

1 进入VSCode官网，单击Download for Windows按钮进行下载，如图10-9所示。

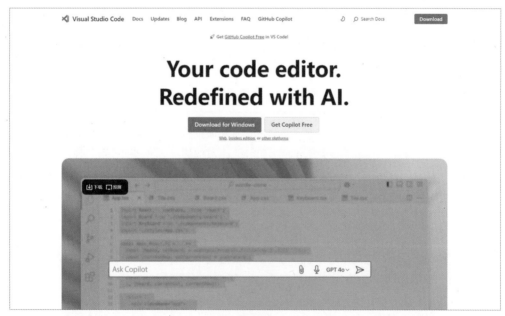

图10-9

2 下载完成后运行VSCode，然后找到插件，搜索Continue插件，单击Installing按钮进行安装，如图10-10所示。

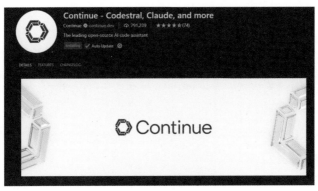

图10-10

3 安装好Continue插件后，单击插件图标展开配置菜单，单击Add Model(新增模型)，并在Prvider和Model选项中都选择DeepSeek，接着在API key中选择前面复制好的API key。完成这些设置后，VSCode就具备了调用DeepSeeek的功能，就可以在Continue插件中进行提问，如图10-11所示。

4 按Ctrl+I组合键，进入提问窗口进行提问，会话窗口中会返回提问的结果，如图10-12所示。

图10-11

图10-12

10.3　调用DeepSeek API进行问答和逻辑推理

本节讲解一个调用DeepSeek API进行问答和逻辑推理的实战案例。本案例使用的编程语言为Python，在Python中调用DeepSeek API，分别调用DeepSeek-Chat和DeepSeek-Reasoner，用来解决普通的问答式提问和逻辑推理提问。然后在程序返回结果中查看DeepSeek返回的结果，对照网页版的结果，验证调用API的方法，将理论和实践结合。

1 根据前面所讲的方法获取API key，得到DeepSeek API的密钥并复制，以便在后续操作中使用，如图10-13所示。

图10-13

2 打开VSCode进行编程，按照调用DeepSeek API的方法，使用Python进行编程，分别调用DeepSeek-Chat和DeepSeek-Reasoner。在调用DeepSeek-Chat时，赋予AI的身份是一个专业的旅行规划师。我们的提问是：我想去三亚旅游，有什么好地方推荐吗？在message中将身份和提问分别写入。

3 设计推理提示词，这里使用一个小学数学的推理问题：小明有12颗糖果，他每天吃2颗。请问多少天后他会吃完所有的糖果？如果他每天改为吃3颗，又会是多少天？将推理提示词写入message的"role":"user","content"后，如图10-14所示。

```
#调用推理模型
def reasoning_chat():
    response = client.chat.completions.create(
        model = "deepseek-reasoner",
        message=[
            {"role":"user","content":"小明有 12 颗糖果，他每天吃 2 颗。请问多少天后他会吃完所有的糖果？如果他每天改为吃 3 颗，又会是多少天"
            }
        ]
    )
    reasoning_content = response.choices[0].message.model_extra['reasoning_content']
    content = response.choices[0].message.content
```

图10-14

4 在VSCode中编写如下代码，并将代码文件命名为deepseek.py。

```
from openai import openai
import json

#API key instead
client = OpenAI(api_key="",base_url="https//api.deepseek.com")
#basic function of deepseek
def basic_chat():
    response = client.chat.completions.create(
        model = "deepseek-chat",
        message=[
            {"role":"system"."content":"你是一个专业的旅行规划师"},
            {"role":"user","content":"我想去三亚旅游，有什么好地推荐吗，180字以内"}
        ]
    )
    return response.choices[0].message.content
    #调用推理模型
    def reasoning_chat():
```

```
            response = client.chat.completions.create(
                model = "deepseek-reasoner",
                message=[
                    {"role":"user","content":"小明有12颗糖果，他每天吃2颗。请问多少天
                    后他会吃完所有的糖果？如果他每天改为吃 3 颗，又会是多少天？"
                    }
                ]
            )
            reasoning_content = response.choices[0].message.model_extra
['reasoning_content']
            content = response.choices[0].message.content
                if __name__ = "__main__":
                print("基础对话结果：")
                print(basic_chat())
                print("\n 推理模型结果：")
                print(reasoning_chat())
```

编写完成后的界面，如图10-15所示。

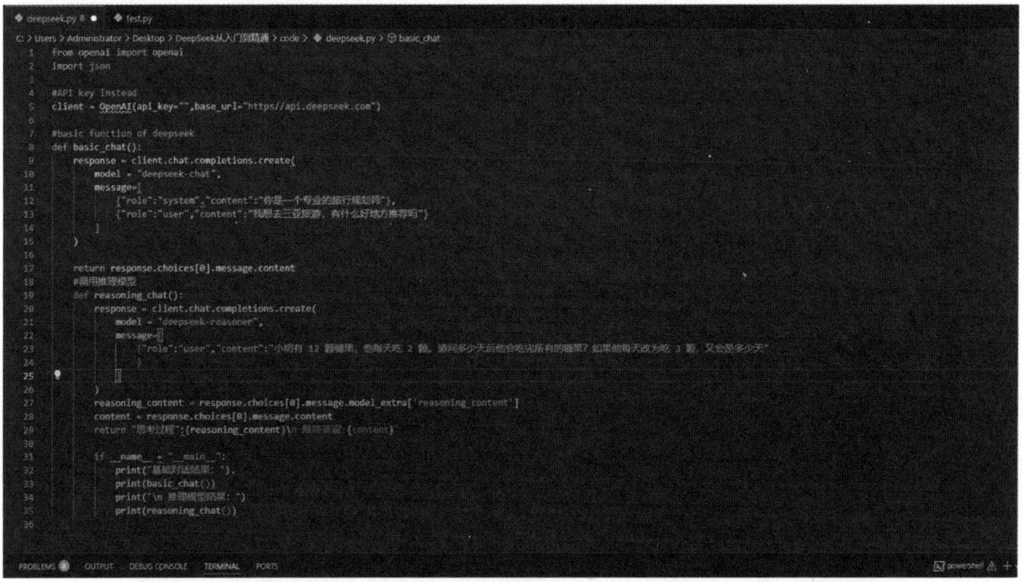

图10-15

5 在VSCode中运行代码，然后在终端输入python deepseek.py，进行编译和执行，可以看到最终的结果，如图10-16和图10-17所示。

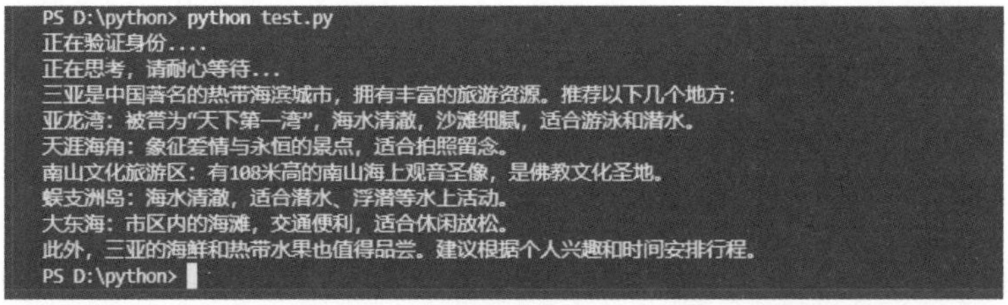

图10-16

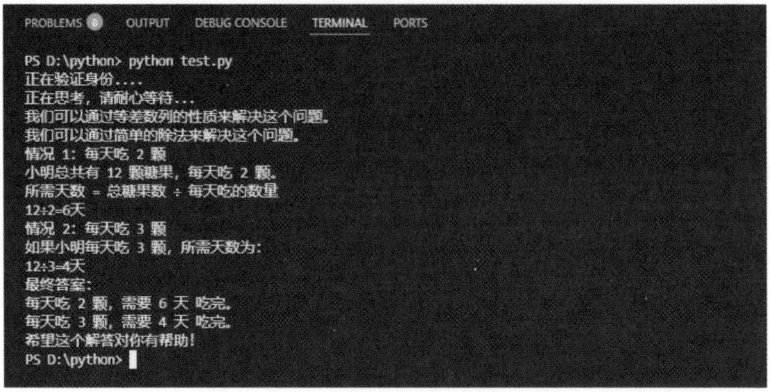

图10-17

10.4 调用DeepSeek API进行两段推理

本节讲解调用DeepSeek API进行两段推理的方法，第一个问题的结果是第二个问题所依据的关键数据。使用Python调用DeepSeek API的两段推理代码来完成。

1 打开VSCode，新建一个文件，将文件命名为deepseek.py，如图10-18所示。

图10-18

2 设计第一段推理的提示词，按照提示词的设计规则，书写提示词。

> 小明和小红一起去买水果。小明买了3个苹果和2个香蕉，一共花了15元；小红买了2个苹果和4个香蕉，一共花了18元。请问：一个苹果和一个香蕉的价格分别是多少？

3 设计第二段推理的提示词，按照提示词的设计规则，书写提示词。

　　如果小丽想买5个苹果和3个香蕉，她需要花多少钱？（请使用第一段推理中求出的苹果和香蕉的价格来计算）

4 将提示词写入message的"role": "user", "content"后面，如图10-19所示。

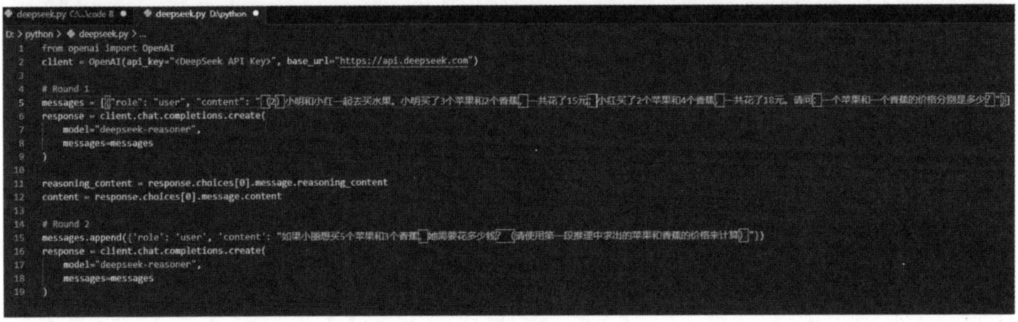

图10-19

5 最终编写的Python代码如下。

```python
from openai import OpenAI
client = OpenAI(api_key="<DeepSeek API Key>", base_url="https://api.deepseek.com")

# Round 1
messages = [{"role": "user", "content": "小明和小红一起去买水果。小明买了3个苹果和2个香蕉，一共花了15元；小红买了2个苹果和4个香蕉，一共花了18元。请问：一个苹果和一个香蕉的价格分别是多少"}]
response = client.chat.completions.create(
model="deepseek-reasoner",
messages=messages
)

reasoning_content = response.choices[0].message.model_extra['reasoning_content']
content = response.choices[0].message.content
print("思考过程:",resoning_content)
print("最终答案:",content)

# Round 2
messages.append({'role': 'assistant', 'content': content})
messages.append({'role': 'user', 'content': "如果小丽想买5个苹果和3个香蕉，她需要花多少钱？(请使用第一段推理中求出的苹果和香蕉的价格来计算)"})
response = client.chat.completions.create(
model="deepseek-reasoner",
messages=messages
)
reasoning_content = response.choices[0].message.model_extra['reasoning_content']
content = response.choices[0].message.content
print("思考过程:",resoning_content)
print("最终答案:",content)
)
```

6 在命令行中，输入python deepseek.py对文件进行编译和运行，在终端中看到运行结果，如图10-20所示。

```
PS D:\python> python deepseek.py
正在验证身份....
正在思考，请耐心等待...
问题描述：
第一段推理：
小明和小红一起去买水果。小明买了3个苹果和2个香蕉，一共花了15元；小红买了2个苹果和4个香蕉，一共花了18元。请问：一个苹果和一个香蕉的价格分别是多少？
（提示：设一个苹果的价格为 x 元，一个香蕉的价格为 y 元，列出方程并求解。）
第二段推理：
如果小丽想买5个苹果和3个香蕉，她需要花多少钱？（请使用第一段推理中求出的苹果和香蕉的价格来计算。）
解题步骤：
第一段推理：
设一个苹果的价格为
x元，一个香蕉的价格为y元。
根据题目列出方程：
小明买水果的花费：
3x+2y=15
小红买水果的花费：
2x+4y=18
调用DeepSeek API，解方程组，得到：
一个苹果的价格x=3 元。
一个香蕉的价格y=3 元。
第二段推理：
根据第一段推理的结果，一个苹果的价格是3元，一个香蕉的价格是3元。
小丽想买5个苹果和3个香蕉，计算总花费：
总花费 = 5×3+3×3=15+9=24 元。
调用DeepSeek API，验证计算结果是否正确。
最终答案：
第一段推理的答案：
一个苹果的价格是 3元，一个香蕉的价格是 3元。
第二段推理的答案：
小丽需要花 24元。
这个问题通过两段推理，将第一段的结果应用到第二段中，既锻炼了学生的逻辑推理能力，又增强了问题的连贯性。如果需要调整或进一步简化，可以随时告诉我！
PS D:\python>
```

图10-20

10.5　本章小结

本章对DeepSeek API的功能进行简要介绍，讲解了调用DeepSeek-Chat和DeepSeek-Reasoner两种API的方法。此外，用源代码的形式讲解了API调用中的消息格式和调用代码的格式，以及创建API key的方法。本章还设计了以Python调用DeepSeek API进行问答和推理、在VSCode中调用DeepSeek API两个实战案例，方便读者理解并运用这些功能。

10.6　课后练习

▶ 练习1：调用DeepSeek API解决推理问题

程序编写：根据本章所讲的内容，参考DeepSeek官网的API文档，写出调用DeepSeek-Reasoner API的程序。

调用API：使用推理模型解决一个逻辑推理问题，查看调用后的结果是否和网页版的结果相同，验证调用的正确性。

▶ 练习2：解决两步推理问题

程序编写：根据本章所讲的内容，参考DeepSeek官网的API文档，写出分两次推理调用DeepSeek-Reasoner API的程序。

调用API：使用推理模型解决一个上下文两段的推理问题，查看调用后的结果是否和网页版的结果相同，验证调用的正确性。